LOCUS

LOCUS

LOCUS

LOCUS

tone 28

美好生活，Enter

作者：柯珊珊
責任編輯：繆沛倫
美術設計：徐蕙蕙
法律顧問：全理法律事務所董安丹律師
出版者：大塊文化出版股份有限公司
台北市105南京東路四段25號11樓
www.locuspublishing.com
讀者服務專線：0800-006689　　TEL：(02) 8712-3898　　FAX：(02) 8712-3897
郵撥帳號：18955675　　戶名：大塊文化出版股份有限公司
e-mail:locus@locuspublishing.com

總經銷：大和書報圖書股份有限公司
地址：新北市新莊區五工五路2號
TEL：(02) 8990-2588 (代表號)　　FAX：(02) 2290-1658
製版：瑞豐實業股份有限公司
初版一刷：2013 年 3 月
定價：新台幣 320 元

ISBN　978-986-213-427-6
Printed in Taiwan

美好生活,ENTER

柯珊珊 —— 著

ENTER

ENTER, 驚喜帶著走

想了解日式生活美學，並參與本書驚喜活動嗎？
請用智慧型手機掃一下本頁的 QR Code，作者將
與您分享各式各樣日本消費產業的私房心得。

目次 CONTENTS

再次挑戰日本一線品牌

幾年前出版過一本日本一線品牌書 Japan Style，讓我對日本大企業從憧憬、繼而近身接觸而獲得種種印證，過程可說滿足了無比好奇心，並得到很多學習。寫本書動機好比某導演導了一部賣座佳的電影，過幾年就會想再挑戰類似主題，因為比較有把握，而我則因深知日本還有不少值得介紹的好品牌。基於突破自己，我設定這次採訪品牌規模不一定要跨海外、也不見得要國人很熟悉，除了同樣是一線之外，都要與生活型態（LIFE STYLE）密切相關，即聚焦於如何營造美好生活，也必須更加精緻、優質，擁有無可取代的特色（譬如具有精粹京都傳統、法國美學文化、義大利格調或創意基地等）。如此身為熱愛日本作者的我，才不會羞愧於沒追求進步，也覺得這樣才對得起讀者。

日本社會與產業發展腳步比台灣早（依行業別，大概差距二、三年到十幾年）、商業規模比台灣龐大、產業架構體系比台灣完整、密度比台灣更層次分明，與消費者每天生活最密切的零售業、餐飲業或設施，對一向嚮往日本的台灣人來說，許多品牌都具有值得台灣學習的長處，這面明鏡能讓我們深刻參考。在 e 時代的今日，我想讓這本書帶有這個功能，因此書名刻意以電腦鍵盤的 "ENTER"，來帶領讀者進入這個美好生活的品牌天地。

台灣社會逐漸走向多元化的轉型階段，也愈來愈國際化；而渴求美好生活的國人與日俱

增，消費時除了價格，最在乎的無非是商品本身有無打動其心坎。每個人對美好生活的定義都不同，營造美好生活的精緻物質面，有相當比重需要倚賴金錢，不過基準卻絕對不只取決於金錢。一個品牌如果不具備豐富人文內涵、精神層面與質感，即使營業額幾百億日圓，頂多也只像個粗糙暴發戶，那我也不覺得值得挖掘。

誠摯希望讀者去體驗本書的十六個優質日本品牌，藉由其經營理念、商品陣容、發展過程、行銷活動等重點，讓人全盤了解如何建構美好生活，並分享我個人的觀點、看法或體驗。先在紙上神遊一番，若心動了，哪天再去日本親身消費看看。也許有人質疑要過美好生活，一定得去消費這些品牌嗎？本書營造的是一種理想境界，但最終由每個人自行取捨。比如有人既購買國際精品，同時也愛逛藥妝店，喜歡哪個品牌沒有一定邏輯，商業世界買賣本來就全憑個人自由與價值觀。

採訪時也讓我領悟到品牌好比人與企業，以人來說，經濟上的富裕並非每個人都想或能夠達到的目標；而以企業來說，成長方向也各自不同，不見得要走上世界級才表示成功，花上幾十年時間經營好本業，就是版圖只鎖定本土也不錯。畢竟人與企業都有各自的格局與際遇，重要的是明白自己定位，在被賦予的先天條件下盡最大努力，清楚自身能力界限才不會大意失敗。

由於接觸日本文化二十多年、運用日語溝通自如、與日本企業互動經驗多，此次先在出發前兩個月進行各種交涉，赴日後僅以兩週時間即成功採訪到十六個品牌。畢竟已寫到第五本日本主題書，即使日本人偶有難搞之處，但都可以抱著不意外的心情去面對處理，換個方式溝通就得以克服。而這些品牌經過實際深入接觸，大致上也沒有讓人失望，我深刻體會到企業要成功全無僥倖。特別是規模大的連鎖品牌要從市場勝出，更需要日積月累的經營能力、持續創新改變的創意與精益求精的堅持，才能夠獲得消費者的長久支持。

與本書登場的品牌從邂逅到熟悉，見識到各種社風，窗口約有三分之二為三十歲前後的女性，雖然大多能力不錯，但幾乎都沒來過台灣。其中有些廣報（即公關）小姐做事尚待磨練、態度傲慢或說話時嘴帶菸味者，與我至今常遇到的細心有禮日本人有點不同，這時我只能以耐心、友善與包容與其互動，才能得到我要的結果。雖然從現場採訪、返台後以 Mail 追加問題、索取所需照片與半數要求看設計版面等過程裡，偶而發生過一些各自堅持己見的狀況，終究要感謝上天賜給我結識這些品牌的緣份。謝謝他們讓我順利達成任務，同時又學習到品牌精華，也對日本的探索更加深入。有幾家企業還親切招待用餐又送禮，並詢問不少台灣的狀況，療癒我差旅的壓力與勞累，著實得到真誠友善的日本情誼。

為了增加此書的附加價值，試著向這些品牌要求贊助讀者抽獎禮物，欣喜地獲得半數品牌同意，衷心感謝本書唯一來自京都的人情味老鋪品牌橘吉、2k540、ainz&tulpe、KIDDY LAND、LA CITTADELLA、AEONPET、quatre saisons、YOKU MOKU 等大方提供來自日本的空運好禮。

還要感謝再回歸大塊的懷抱，她彷彿娘家般帶給我許多溫暖，尤其犀利有趣又氣度大的韓秀玫總編、對作者超有耐性的貼心編輯沛倫，同時感激第三次設計我作品的徐薫薫小姐，都是成就此書的最佳工作夥伴。另外也感謝行銷團隊建維、雨蓁與詩韻，齊心協力廣為行銷此書。

最後謹將此書獻給賦予我親日 DNA 的父親與去年夏天過世的摯愛母親。

珊珊
二○一三‧二月

Chapter **01**

學習設計美學品牌

社會處於高密度發展的日本，商品除了最基本的完善功能，在設計美學方面更是眾多品牌戮力的強項，透過本篇的五個品牌，能夠明瞭長久吸引客人上門的設計力道，也能夠體會設計美學對營造美好生活的必要性。

ENTER

橘吉

quatre saisons

SHIPS

WAKO

NADiff

橘吉
來自京都的和風雜貨世界

品牌魅力在哪裡？

· 來自京都，悠久歷史、典
　雅風格耐人尋味。
· 商品設計深具巧思，充滿
　傳統與四季之美。
· 陸續推出嶄新品牌。

日本人在日常生活裡習於使用各類雜貨，除了反映他們看待生活很細膩用心，美學也同時
日積月累自然培養出來。近幾年來國人愈來愈有使用雜貨的習慣，坊間也不斷出現一些新
品牌，這代表大家的生活逐漸超越只顧溫飽的階段，未嘗不是好事一樁。選用餐具是展現
居家品味的面向之一，想要提升居家美學就從營造美好日常生活開始。很多年前我有次在
銀座經過和風陶瓷店橘吉（TACHIKICHI），立刻被其雅緻氛圍深深吸引，得知它具有兩百
多年歷史後，益發令我景仰憧憬。後來巧遇和風雜貨品牌 COTO DECO 時直覺系出名門，
沒想到它竟然就是橘吉旗下副牌，而使採訪機緣成熟，讓我終於得以一探這個京都品牌的
殿堂。

橘吉是具有兩百多年歷史的陶瓷器老鋪。（橘吉提供）

❶　❷❸
　　❹
　　❺

＊橘吉總社
電話：075-211-3141
地址：京都市下京區四条通富小路角立賣東町 21 番地

＊橘吉池袋店
電話：03-5951-2631
地址：東京都豐島區西池袋 1-1-25 東武百貨 6F

＊關西國際空港店
電話：072-456-6625
地址：大阪府泉佐野市泉州空港北 1 番地 關西國際空港旅客 TERMINAL BUILDING 本館 3F 0460 室

＊COTO DECO 立川店
電話：042-548-0250
地址：東京都立川市柴崎町 3-2-1GRANDUO 立川 6F

＊COTO DECO AEON LAKE TOWN 店
電話：048-930-7420
地址：埼玉縣越谷市東町 2-8 AEON LAKE TOWN MORI 2F 2414-1

＊淺草 EKIMISE 店
電話：03-5827-3955
地址：東京都台東區花川戶 1-4-1 ASAKUSA EKIMISE 7F

＊三井 OUTLET PARK 滋賀龍王橘吉
電話：0748-58-8250
地址：滋賀縣蒲生郡龍王町大字藥師寺砂山 1178-694 三井 OUTLET PARK 滋賀龍王 3110 區畫

京都陶瓷器的與眾不同 ～

橘吉是 1752 年創業的燒物（陶瓷器）老舖，具有深厚傳統的和風根基，在全日本各大百貨公司共設有一百七十個店舖，每年銷售出九百萬套餐具，難怪能創造出超過五十億日圓的年營業額。

究竟京都的陶瓷器與日本其他地區的陶瓷器有何不同？在幕府時代，唯有京都的陶瓷器是燒製來作為天皇的贈禮，而日本其他縣市的陶瓷器則是作為庶民的生活道具。正因為這個原因，京都職人所焠鍊出的工藝水準無與倫比，其他像漆器、和服等也是如此，京都產品所設計出來的境界就是特別精益求精、高超引人，所以存活兩百多年的橘吉自然別有能耐。目前橘吉公司內部有七位設計師，擅長日本畫與漆器等專業；另有二十位合作往來的專業職人（包含陶瓷器、玻璃、金屬與木製等領域），合力創造出橘吉的豐富多元產品。

1. 橘吉每年銷售出九百萬套餐具。（橘吉提供）
2. 這個古壺很有中國青花瓷的味道。（橘吉提供）
3. 這組貴氣十足的大小缽專門用來盛裝生魚片。（橘吉提供）
4. 散發梅花風情的三層便當盒漆器。（橘吉提供）
5. 這組金碧輝煌的壺杯組，製作工藝水準簡直具有在故宮展出的火候。（橘吉提供）

橘吉的產品中有四分之三為食器（餐具），這是因為日本人過生活向來注重四季的變化，不同時節選用最旬（當季）的食材料理入菜，各個季節的美也會透過不同的食器來表達，商品蘊含傳統與四季之美。橘吉引以為傲的特色，在於一年四季皆以京都之主題為食器文化進行提案，且產品涵蓋所有餐具面向。陶瓷器分為五種風格，包含京都生活季節精粹、洗練和風、擁有文化底蘊、融合傳統與現代、傳達幸福喜悅的結婚贈禮等，建構出多元豐富的陶瓷產品風格。其中以京都生活季節精粹產品最多，占了七成，作為結婚贈禮的陶瓷器，也占了一成。我特別問過多位日本朋友，竟然差不多每個人家裡都有橘吉的陶瓷器，也有人結婚時就選用橘吉的陶瓷器作為賓客贈禮。

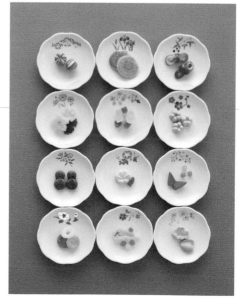

以多品牌策略操作市場 ～

回顧橘吉歷史悠久的發展步伐，在鞏固主力的和風陶瓷器之餘，在創造性上也寫下不少精彩篇章。例如 1991 年成立了室內用品品牌「京風情」，雖於 2012 年結束，但也為橘吉留下許多紮實的經驗；而 2000 年成立的「花數寄」則是批發到量販店的品牌，也曾在業界生存七年。這些品牌的新陳代謝等起落，在零售業

1. 夫婦共飲的對杯設計高雅精緻，值得收藏。（橘吉提供）

2. 京都產品設計出來的境界特別精益求精。（橘吉提供）

3. 橘吉產品深具文化底蘊。（橘吉提供）

4. 橘吉的產品中有四分之三為餐具，商品蘊含傳統與四季之美。（橘吉提供）

5. 十二個月有十二種節氣，表現在餐具就各有不同風情。（橘吉提供）

6. 橘吉引以為傲的特色，在於一年四季皆以京都主題為食器文化提案。（橘吉提供）

7. 橘吉產品反映出京都生活季節精粹。（橘吉提供）

8. 這款十二生肖的裝飾物造型俏皮耐看。（橘吉提供）

9、10.「京風情」別具雅緻的京都況味。（橘吉提供）

❶ ❷ ❸　　❻ ❼ ❽
❹ ❺　　　❾ ❿

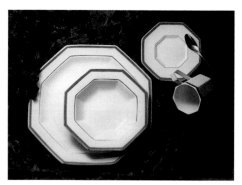

1、2. 橘吉曾開發「花數寄」這個批發到量販店的品牌。（橘吉提供）

3. 橘吉曾發展現代感的洋風品牌 Adam&Eve。（橘吉提供）

4、5. Adam&Eve 商品包含刀叉、玻璃器皿、花瓶、餐具等。（橘吉提供）

6. 「青嵐」是橘吉產品中最高等級的品牌。（橘吉提供）

7. 「青嵐」深具藝術品的風格，吸引許多老顧客收藏。（橘吉提供）

8、9、10. 「粹彩」是橘吉批發到禮物專門店的商品副牌。（橘吉提供）

11. 橘吉創業已兩百六十年，趁勢推出與清水燒職人伊藤南山合作的限量商品。（橘吉提供）

來說其實司空見慣，即使最後走過高峰而步入歷史，也無損於橘吉的品牌價值與資產，反而為橘吉鍛鍊出更純熟的品牌操作能力。

生命力旺盛的橘吉始終保持積極態度前進，像 1968 年成立、具現代感的洋風品牌 Adam&Eve，商品包含刀叉、玻璃器皿、花瓶、餐具等，部份產品還委託歐洲工廠製造，也曾有十間設於橘吉內的店中店。而 1971 年成立的「青嵐」，是橘吉產品中最高等級的品牌，深具藝術性的風格，吸引許多老顧客收藏。橘吉於 2001 年又規劃禮物專門店商品群「粹彩」，批發到全國個體戶店舖與發行型錄的郵購公司。

2012 年正逢橘吉創業兩百六十年，橘吉趁勢推出不少值得珍藏的陶瓷商品。例如與京燒、清水燒職人伊藤南山合作，製作出鑲嵌京都蛋白石的夫婦茶杯祖，共設計三種圖案，充分展現出橘吉的精粹傳統特色。

❶❷　❽❾
❸❹　❿
❺❻　⓫
❼

近幾年努力開創嶄新品牌 ～

橘吉行有餘力之下，近幾年再蓄積力道尋求創新，努力開創嶄新品牌，於 2006 年推出 COTO DECO 這個具現代感的副牌，可說是充分凝聚橘吉精髓、配合時代需求所創立。COTO DECO 概念是希望客人藉由使用雜貨，進而珍惜選擇這件事（「事情」的日語發音為 KOTO），且逐漸將物品拿來裝飾生活。COTO DECO 的風格典雅又融合著現代感，散發著一種內蘊的大派氣質，連簡潔的 LOGO 設計也很獨到，整體質感極為耐人尋味。目前 COTO DECO 共有四家分店，年營業額約三億日圓，現正處於專注擴大店舖版圖的階段，設店地點以百貨公司與購物中心為主。

COTO DECO 是一個定位在生活全面的精選（Select）品牌，商品有九成採購自約五十家廠商，

1. COTO DECO 風格典雅又融合著現代感，散發一種內蘊的大派氣質。
2. COTO DECO 的 LOGO 設計很簡潔獨到。
3. COTO DECO 是定位在生活全面的精選品牌，陶瓷器占商品三成。

另外一成為原創設計製造。商品種類極為多元，陶瓷器占三成，其餘七成是和雜貨，包含玻璃器皿、鍋具、筷子、布簾、圍裙、抱枕、零錢包、手帕、線香、便當盒、擺飾、髮簪、手機吊飾等，不僅造型新穎，而且深具雅緻美感。

COTO DECO 的商品設計深具巧思，比如一條包便當等物品的布巾，圖案也設計得非常豐富，較常見的水果、蔬菜、花卉、樹葉、動物等不用說，連飯糰、米飯、鍋子、鋼筆、音符等圖案也成為主題，讓人看了不禁會心一笑。另外像便當盒，除了常見的塑膠製品，還有原木材質，外觀還特別設計成和風花布圖案，不僅凸顯 COTO DECO 的京都氣質，也可看出日本人對用餐的重視。COTO DECO 商品的美在於充滿四季色彩，像春天時多粉紅色，夏天時多黃、綠色，

秋天時多咖啡色，冬天時多白、紅色，而這些色彩都會在不同時節反映在商品上。每逢不同季節與特殊節慶時，COTO DECO 還會推出限量商品，讓上門的客人常有新發現。向來喜歡收集和風商品的我，當然忍不住購買幾樣收藏。

COTO DECO 除了商品精緻，在包裝與附加服務上也非常用心。比如會將圖案美麗的布巾折疊成和服，搭配筷子與筷止為一套組合商品，益發引起客人的購買欲。還有由於這幾年日本流行自行攜帶專用筷，客人如果購買木製筷子，也提供幫客人刻上名字的服務，未來還有扇子也會提供類似服務。

綜觀日本的雜貨產業，儘管歐美的進口雜貨一直受到歡迎，不過日本人並沒有忽略守住傳統根基。看過不少和風雜貨與店舖，大部分都是個體戶開設的小店，而 COTO DECO 可說是讓我眼睛一亮、深覺其具有成為一線品牌的潛力。

① ②	⑤ ⑦
③ ④	⑥
	⑧ ⑨

1. COTO DECO 也販賣不少布製產品。

2. 線香插在這對典雅兔上，著實增添生活情趣。

3、4. 和風的髮飾與筷架都很美麗又實用

5. COTO DECO 玻璃杯有義大利翡冷翠的風格。

6. 和風布包鏡子較常見。

7. COTO DECO 販賣的布巾有好多別緻的圖案。

8、9. 把布巾裱框拿來掛在牆上裝飾，是另一種用途。

1、2. COTO DECO 的和風便當設計，市面上罕見。
3. 可愛的小泥偶，讓人想成套買齊。
4. 教人使用布巾特殊方式的可愛簡單繪本。
5. 銷售極佳的陶板鍋。
6. 在 COTO DECO 購買木製筷子，店家提供刻上名字的服務。
7. COTO DECO 將美麗布巾折疊成和服，搭配筷子與筷架組合成一套商品。
8、9. COTO DECO 品牌質感好，深具版圖擴大的潛力。

新品牌策略與成立 OUTLET 雙管齊下 ～

繼 COTO DECO 博得好評之後，橘吉於 2012 年 11 月再度推出新品牌 EKIMISE，顯然對於催生新品牌之策略相當有把握。EKIMISE 這個以京都與江戶精粹為概念的品牌，店舖鎖定車站附近的商業設施，目標族群是想購買京都風味紀念品（故餐具很少，此點與 COTO DECO 大不同）的客層。商品包含鐵壺（連巴黎的 CAFÉ 也使用因而成為熱門商品）、漆器、雕花玻璃器具、布巾、線香、筷子等工藝品與雜貨，橘吉秉持傳統再予以創新的生命力無疑更加精彩。

橘吉旗下品牌每年因應四季與節慶一共進行六次新商品提案，另外也根據各地區與分店特性，舉辦不太一樣的促銷活動。主題包含引出物（結婚贈禮）、雛人形（和風娃娃）、室內用品、高額土鍋與陶藝家作品展等，總能吸引許多常客與新客層不斷上門。

橘吉也因應時代潮流，2005 年開始成立 OUTLET（集中於三井 OUTLET PARK 與

1. EKIMISE 副牌以京都與江戶精粹為概念。（橘吉提供）

2. EKIMISE 目標族群是想購買京都風味紀念品的客層。（橘吉提供）

3. 現在巴黎的 CAFÉ 風行使用日本鐵壺。（橘吉提供）

4. 橘吉陶瓷商品常被日本人當作結婚贈禮。

5. 土鍋是實用的長紅商品。

6. 橘吉在全日本共設有十一間 OUTLET。（橘吉提供）

7. OUTLET 營業額占橘吉整體約兩成。（橘吉提供）

8. 橘吉的品牌生命力今後也將穩健卓越繼續延伸。（橘吉提供）

PREMIUM OUTLETS 兩大體系），除了每年春秋季各推出一次針對 OUTLET 的產品，也讓橘吉商品在市場循環上得到更好的銷售，目前全日本共設有十一間 OUTLET，占公司營業額約兩成。而且隨著網路購物的人口逐年增加，橘吉現在也比從前更用心經營這個部分，預估未來虛擬店舖的市場占有率將快速增加，讓橘吉整體營業額更加成長。

走過三一一大震災後，日本人比以往更懂得回歸原點，大和民族又怎能少得了「和」的根基，相信橘吉的綿長品牌生命也會穩健卓越地延伸下去。

① ⑥
② ③
④ ⑤ ⑦ ⑧

quatre saisons
放送巴黎愉悅生活的法風雜貨天堂

品牌魅力在哪裡?

· 全日本最具代表性的日法混血風格連鎖雜貨店。
· 營造巴黎美好生活的標竿指引。
· 每季可買到最新的法國進口與自製雜貨。

* **quatre saisons 自由之丘總店**
電話:03-3725-8590
地址:東京都目黑區自由之丘 2-9-3

* **quatre saisons 吉祥寺店(含 café)**
電話:0422-20-5725
地址:東京都武藏野市吉祥寺本町 2-2-8

* **ATELIER "PARISIENNE"**
電話:03-5379-1140
地址:東京都新宿區新宿 3-38-1 LUMINE EST B2F

* **私の部屋自由之丘店**
電話:03-3724-8021
地址:東京都目黑區自由之丘 2-9-4 吉田 building 1F

* **quatre saisons petit 大阪店**
電話:06-6342-9011
地址:大阪市北區梅田 1-13-13 阪神梅田本店 6F

如果要在腦海裡描繪日本日常生活的美好,一定缺少不了雜貨。日本的雜貨市場自七〇年代開始發展,由連鎖店與個體戶兩大勢力瓜分,共同建構出豐富多元的雜貨天堂,商品包含本土自行開發設計與從歐美亞等國進口,整體來說雜貨的可能性已被日本人發展到極致。日本雜貨產業能夠如此蓬勃發展,除了深受歐洲影響的西化生活習慣以外,與其民族性喜整齊清潔、重視細節與追求完美有密切關係,加上社會已臻至高度開發階段,消費者的需求多、眼光高,促使產業的新陳代謝更加快速發達。日本不勝枚舉的雜貨品牌,常讓人看得眼花撩亂,其中融合法、日精華的 quatre saisons,是絕對不能錯過的優質品牌。

融合法日精華的 quatre saisons,是優質的雜貨品牌。

感受巴黎四季豐富生活的品牌概念 ～

成立於 1987 年的 quatre saisons，品牌名稱為法文的四季之意，是以「感受自然、體會住在巴黎的生活」為品牌精神，以「用豐富、喜悅來滿足地域生活者的日常生活」為基本理念，雅緻風格的產品涵蓋生活全方位。也許有人會納悶標榜巴黎，為何不是法國？因為法國人有一種說法就是：巴黎是一個國度。quatre saisons 把法國各省的豐富文化與雜貨自由融合出一種巴黎風格，讓客人體會法國四季的不同魅力。

quatre saisons 的誕生，在當時日本雜貨產業界是個創舉，追溯到源頭，是因為創業人前川嘉男熱愛法國文化，欣賞法國人懂得享受四季、擅長使用各式雜貨。原本他是和風雜貨品牌「私の部屋（房間）LIVING」的社長，1986 年在巴黎結識 quatre saisons（創立於 1968 年）的法國社長，由於完全被這家店舖所吸引，於是翌年立刻在東京成立分店。值得讓人玩味的是日本 quatre saisons 二十多年來穩定成長到有十九家分店（包括兩家含 café），法國本店卻已結束營業。

我曾經在 NHK 看過一個「戀上雜貨」的節目，連續幾次介紹精緻的法國雜貨，讓人深感雜貨對法國人來說，不過就是享受生活的種種道具。比如喝茶要用個美麗的杯子、舀湯就挑個漂亮的勺子、上菜市場也要拿個好看的袋子來裝等等，或者餐桌鋪上桌布、地上鋪上地墊，也會帶來不一樣的視覺感受，雜貨對妝點生活，的確具有畫龍點睛的功效，美學就是這麼一點一滴累積培養而來。想要擁有美好生活，並不需要等到手邊寬裕才能做到，鑑賞態度比經濟能力更重要。

①② ③④
　　⑤
　　⑥

1. quatre saisons 品牌名稱,為法文的「四季」。（quatre saisons 提供）
2. 法國人有一種說法:巴黎是一個國度。
3. quatre saisons 吉祥寺店內設有 café。（quatre saisons 提供）
4. 在屋內一角擺設可愛裝飾物,讓一天擁有好心情。（quatre saisons 提供）
5. 享受法式生活,就從舒適用餐開始。（quatre saisons 提供）
6. quatre saisons 販賣的實用購物袋。（quatre saisons 提供）

❶ ❸　❺ ❻
❷ ❹

1. quatre saisons 商品包羅萬象，在日常生活裡全用得上。（quatre saisons 提供）
2. 店內商品會以特殊主題陳列，如 GIFT 櫃位。
3. 書房或臥室需要什麼，來 quatre saisons 挑選。
4. quatre saisons 的衣物配件，走優質感而非花俏路線。
5. 木頭櫃設計得別有風味。
6. 為客人示範如何陳列餐桌。

商品陣容應有盡有並懂得求新求變～

堪稱日法混血風格雜貨的 quatre saisons，訴求客層是二十至四十世代、嚮往巴黎、喜歡自然風格的女性。quatre saisons 商品包羅萬象，大至木頭櫃等家具，小至湯匙、叉子，只要日常生活裡用得著的東西幾乎都有，一半自法國進口、一半自行開發設計，全部商品多達兩千種以上，每季都會推出一百多種新商品。這些新商品會以特殊主題來陳列，如 GIFT 櫃位、嬰兒衣物用品、巴黎的紀念品、北海道素材的家具、針織品系列等，由於數量與販賣期間都限定，很能夠增加顧客的新鮮感。

quatre saisons 店內也會融入適合日本的生活元素，佈置變換出法式風情的生活場景，等於展現客廳、臥房、書房、廚房或餐廳一角的提案空間，讓憧憬巴黎的客人感受到如同在當地生活的情調。意猶未盡的客人回家也可以如法炮製，這是逛 quatre saisons 的樂趣，與一般雜貨用品店只是擺出商品販賣自然大不相同。而不同季節也會有需求的變化，看看實際缺少什麼再下手，更能體會出 quatre saisons 雜貨的魅力。

quatre saisons 多年來不時會與藝術家、設計師或料理研究家等合作，推出令人耳目一新的手工藝品、雜貨或點心等，不僅吸引雜誌來採訪，也為品牌注入嶄新元素。quatre saisons 在行銷上也會求變，除了定期與幾萬名會員保持連絡，還曾在重要節慶特製葡萄酒贈送常客，也曾與出版社合作推出咖啡歐蕾碗與雜貨小書的組合，在書店銷售得很不錯。

① ②　　⑥ ⑦ ⑧
③
④ ⑤

quatre saisons 吉祥寺店與神戶店內還設有 café，桌椅、餐具等都使用 quatre saisons 自家的商品，在這裡可品嘗到三明治、鹹派、簡餐等，還有法國進口的香醇紅茶，以及使用每季新鮮水果製成的蛋糕甜點，讓客人充分體驗法國味的悠閒生活。

與大和株式會社合作推出法國鄉村風房舍 〜

2012 年適逢 quatre saisons 成立二十五週年，現任社長前川睦夫向來喜愛南法普羅旺斯的鄉村風情，特別與大和株式會社（DAIWA HOUSE）合作推出「maison des quatre saisons」住宅專案，先在東京、名古屋等大都市社區裡規劃出可容納三十棟至五十棟的空地，建造以法國鄉村房舍為藍圖的房子，內部裝潢搭配 quatre saisons 的家具與雜貨。

其實早在此專案正式推出的五年前，quatre saisons 即與大和株式會社規劃一種自由訂購住宅，可以根據客人需求來設計建造，甚至有人把舊屋剷平重建，或透

1. quatre saisons 常吸引雜誌來採訪。
2. 與出版社合作推出咖啡歐蕾碗與雜貨小書組，反應頗佳。（quatre saisons 提供）
3. 吉祥寺店與神戶店 café 販賣的法式海鮮鹹派。（quatre saisons 提供）
4. 番茄熬煮的雞肉簡餐口味不錯。（quatre saisons 提供）
5. 下午來 quatre saisons café 品嘗藍莓起司派布丁組。（quatre saisons 提供）
6. maison des quatre saisons 住宅是以法國鄉村房舍為藍圖建造。（quatre saisons 提供）
7. maison des quatre saisons 住宅建有閣樓。（quatre saisons 提供）
8. maison des quatre saisons 蓋有花圃，連信箱造型也設計別緻。（quatre saisons 提供）

過大和株式會社尋找適合地區施工，但價格自然較高。為了更為推廣此類住宅，於是推出價格較低的「maison des quatre saisons」住宅專案，它屬於水泥鋼筋融合木造建築，以既製（先造好主體）住宅為主，分為兩層的 XEVO WV（四十坪、兩千萬日圓）與三層的 XEVO SORA（五十坪、兩千五百萬日圓），大約三個月至半年即可完工。如果客人預算不多，只想局部整修自己的房子也沒問題。

推出「maison des quatre saisons」專案以來，quatre saisons 每個月接到約五十位客人洽談，之後日本各地將陸續興建完成這種既製住宅。訂購簽約此住宅專案者可任選總價百分之一金額的 quatre saisons 商品，也為 quatre saisons 的品牌勢力加分不少。

配合時代需求開發出新型態店舖～

配合時代需求與品牌自身成長，quatre saisons 將焠鍊多年的經營心得與經驗，開發出更專門性的雜貨店舖。像 2009 年 9 月開設的 ATELIER "PARISIENNE"，目標族群是大學生與 OL，可說是 quatre saisons 的姊妹品牌，以學習藝術、室內設計與餐飲的三位巴黎人之工作室與住家為概念，販賣商品與店內空間都充滿手作的創意與設計感，置身其中彷彿到了巴黎一般，讓喜歡巴黎的日本人立刻成為粉絲。

1. maison des quatre saisons 內部裝潢充滿法式風格。（quatre saisons 提供）
2. 住宅內部裝潢家具雜貨全來自 quatre saisons。（quatre saisons 提供）
3. maison des quatre saisons 專案擴大了 quatre saisons 的品牌影響力。（quatre saisons 提供）
4. ATELIER "PARISIENNE" 概念融合法國藝術、室內設計與餐飲元素，就像是巴黎人的工作室與住家。（quatre saisons 提供）
5. ATELIER "PARISIENNE" 是 quatre saisons 的姊妹品牌。（quatre saisons 提供）
6. ATELIER "PARISIENNE" 的房屋造型置物盒。（quatre saisons 提供）

quatre saisons 於 2011 年 3 月又在大阪開設 quatre saisons petit 店，目標族群鎖定嬰兒至六歲
幼童，引進法國如 Moulin Roty、Wafflish Waffle 品牌，也自行開發設計，包括服飾、帽子、
包包、餐具、絨毛玩具、毛巾、碗盤、刀叉、裝飾物等雜貨，共有五百多種商品，都針對嬰幼
兒使用方便而設計，簡直是 quatre saisons 的超可愛版，很多媽媽看了都忍不住為寶貝購買，

當然作為禮品送人也非常合適。我實在很佩服日本人將業態發展得這麼細，這些雜貨商品若放在台灣，大概就附屬於嬰幼童服飾店吧！而且商品項目、做工、風格也沒那麼精緻。

同年 9 月 quatre saisons 曾經於銀座開設嶄新店舖 musée imaginaire，擷取 quatre saisons 的精髓，是一間商品更獨特、型態更細緻的雜貨店，讓人充分了解日本人精益求精的品牌操作精神，只是或許因為前進得太快，反而一般客人不甚了解店舖差異所在，於 2012 年底暫時畫下休止符，說不定哪天會再復活。

縱使台灣的雜貨發展歷史、產業規模與精緻度無法與日本相比，不過近十年來台灣在注重居家裝潢、使用雜貨風氣日益普及，這與生活漸從溫飽實用需求走向講究美學設計大有關係。加上台灣市場變化常隨著日本緊密起舞，國人對雜貨的理解也深受日本人影響，相信我們的雜貨產業發展未來必定更加值得期待，熱愛雜貨的國人到日本時，務必前往擁有法式文化美學的 quatre saisons 看看。

❶
❷❸　❹❺

1. 大阪的 quatre saisons petit 陳列美侖美奐，商品多元精緻。（quatre saisons 提供）
2. quatre saisons petit 嬰幼兒用品可愛又實用，媽咪們看了無法抗拒。（quatre saisons 提供）
3. quatre saisons petit 販賣的法風小床與小熊玩偶浪漫溫馨。（quatre saisons 提供）
4, 5. quatre saisons 擁有法式文化美學。（quatre saisons 提供）

SHIPS
領航業界的優雅時尚巨艦

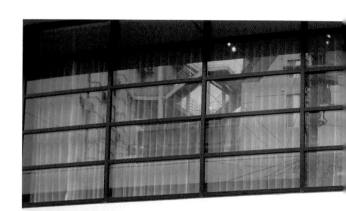

品牌魅力在哪裡？

· 包含男性、女性與孩童服飾，屬於全系列商品。
· 開設結合服飾、購買維修車與 CAFÉ 的新型態店舖。
· 積極贊助多類社會活動，展現成功企業的風範。

＊SHIPS（MEN&WOMEN）涉谷店
電話：03-3496-0481
地址：東京都涉谷區神南 1-18-1
　　　神南 1 丁目 building B1~4F

＊SHIPS KIDS 銀座店
電話：03-3564-2082
地址：東京都中央區銀座 3-6-1 松屋銀座店 6F

＊SHIPS LITTLE CARS（週三休）
電話：SHOP & FACTORY：03-5548-0032、
　　　CAFÉ：03-5548-0031
地址：東京都江東區東雲 1-6-8

＊OUTLET
電話：045-771-8251
地址：神奈川縣橫濱市金澤區白帆 5-2 三井
　　　OUTLET PARK 橫濱 BAYSIDE

東京與巴黎、米蘭、紐約並列為全球四大時尚之都，可知這個城市在引領時尚發展上的地位與影響力。選擇適合自己的裝扮，不但能夠帶來樂趣，也是營造美好生活的面向之一。東京時尚界風格百花齊放，許多日本人深諳以「MIX & MATCH」概念搭配，在符合自身風格與個性的原則下，自行組合不同品牌的服飾，再以一雙皮鞋、一個皮包、一副眼鏡或一條圍巾等演繹出畫龍點睛的效果，有時候整體感覺也不遜於全身名牌。而如果要列舉日本時尚大企業，不能不提排名前三位的 SHIPS。

SHIPS 是日本時尚界的大企業。（SHIPS 提供）

具卓越眼光的服飾界先驅 ～

創立於 1975 年的 SHIPS，是一個精選複合式（Select Shop）連鎖服飾店舖，歷史
比台灣人頗為熟知的 BEAMS 與 UNITED ARROWS 還悠久。SHIPS 之品牌名稱與「航
向未來」的企業精神完全一致，多年來憑藉卓越眼光採購歐美服飾配件，創造出
兩百多億日圓的年營業額，建構其在時尚界的崇高地位。

SHIPS 旗下品牌包含男性（占 50%）、女性（占 45%）與孩童服飾，屬於全系列
商品。分析旗下各品牌，SHIPS MEN 適合男性上班族、SHIPS JET BLUE 則展現休

❶ ❹
❷ ❸

1. SHIPS 是一個精選複合式品牌。
2. SHIPS 的品牌形象相當優質。
3. SHIPS 除了服飾，配件選擇也多。
4. SHIPS JET BLUE 展現休閒帥氣風格。（SHIPS 提供）

閒帥氣風格。而 SHIPS WOMEN 適合女性上班族、Khaju 洋溢青春柔美、liflattie ships 則休閒灑脫；還有可愛的 SHIPS KIDS，加上八家販賣過季服飾的 OUTLET，共有八十多家店舖，大部分位於百貨公司或購物中心內，單獨路面店只有十多家。

SHIPS 除了將歐美最嶄新流行的服飾引進日本，有時也會進口一些深具潛力的無名服飾，另外自行設計開發的服飾比例近年愈來愈多，目前約占六成，共同組合出 SHIPS 的豐富面貌。SHIPS 還在銀座設有一間 Tailoring House，提供男士西裝的訂製服務，價格一套從最便宜的八萬多日圓，至六十多萬日圓都有，以滿足一些追求唯一的挑剔客人，風評也相當不錯。

❶   ❺❻

❷   ❼

❸❹

1. SHIPS 旗下有不少品牌，Khaju 洋溢青春柔美風格。（SHIPS 提供）

2. liflattie ships 走休閒瀟脫路線。（SHIPS 提供）

3. 全方位發展的 SHIPS，還設有童裝 SHIPS KIDS。（SHIPS 提供）

4. SHIPS 在全日本有 8 家 OUTLET。（SHIPS 提供）

5. SHIPS 服飾包含本土製作與歐美進口。

6. SHIPS 商品除了服裝，也有不少包款與飾品，相當多元豐富。

7. SHIPS 的銀座 Tailoring House，提供男士西裝的訂製服務。（SHIPS 提供）

❶ ❷

伸展多元觸角展現品牌勢力 ～

在東京要觀察路人的時裝打扮，不要只參考電車裡的上班族，要到街頭看看，尤其原宿、涉谷與銀座，儘管各地區的客人年齡層與風格不同，SHIPS 在這幾個城鎮也都設有店舖。

SHIPS 擁有五十多萬名會員（年消費達五十萬日圓以上即可成為會員），每季都會舉辦幾次期間限定的新商品上市活動，這對於刺激常客來消費有莫大的助益。除了慣用的寄送書面產品目錄，現在也常用 APP、Twitter 與 Mail 來宣傳告知；並且於 2011 年 5 月開始發行網路雜誌，目前預定一年四次。

SHIPS 常常展現新意，例如 1999 年即因應京都店的建築構造規劃出一個藝廊，除了更加促進與當地客人的互動，也提供關西地區創意人一個舞台，不少藝術與設計展都頗具創意。SHIPS 還曾參加東京與神戶的時尚公演，吸引一些喜歡注意時尚動態的新族群，對於開發不同於常客的新客層頗有效果。另外 SHIPS 也與雜誌合作，提供限量的特製購物袋、化妝包、卡夾、襪子與修容組等商品，吸引一些常到書店的潛在顧客。

1. SHIPS 涉谷店為整棟的旗艦店。
2. SHIPS 服飾魅力大，擁有 50 多萬名會員。

我有一位日本女社長朋友，因為喜歡 SHIPS 的自由率性品牌精神，與先生、唸小學的兒子都習慣穿 SHIPS 的服飾，一家三口一起出門時，全家人擁有同樣的風格。她常強調與其購買一堆品質普通的便宜服飾，不知不覺可能加起來花費也不少，倒不如選擇 SHIPS 這樣的一線本土名牌，只要不挑流行性太強的商品，推出三五年內的基本款服飾往往可以互相搭配。

1. SHIPS 常舉辦新商品上市活動。
2. 京都店建築古色古香，裡頭還規劃了藝廊。（SHIPS 提供）
3. SHIPS 還曾參加東京與神戶的時尚公演。
4. SHIPS 的基本款服飾相當好搭配。
5. SHIPS LITTLE CARS 是一間新型態店舖。（SHIPS 提供）
6. SHIPS LITTLE CARS 還附設 CAFÉ。（SHIPS 提供）
7. 在 SHIPS LITTLE CARS SHOP 可買到 SHIPS 服飾配件與 MINI 相關商品。（SHIPS 提供）

設立以 MINI 汽車為中心概念的新型態店舖 〜

觀察零售業品牌發展動向是我的興趣，我常覺得日本總是能夠創造出更符合時代需求的新店舖，時尚先驅的 SHIPS 當然屬於箇中高手。由於社長三浦義哲非常喜歡 MINI 汽車，SHIPS 於 2001 年成立了一家有趣的 SHIPS LITTLE CARS，這間新型態店舖以 MINI 汽車為中心概念，共包含 SHOP、FACTORY 與 CAFÉ 三部分。

❶
❷ ❸　　❺ ❻
❹

在 SHOP 可以買到悠閒風格的 SHIPS 服飾配件、MINI 相關商品、書籍與汽車用品等；在 FACTORY 除了可以販賣 MINI 車，還提供車輛（不限 MINI 品牌）的塗裝與維修等服務；而 CAFÉ 菜色多樣且價廉物美（多在日幣千圓以內），例如牛排、炸雞、煮香腸、烤培根、通心麵、漢堡、披薩、蛋包飯、沙拉、甜點等，另外還提供三十多種酒類與二十多種冷熱飲，整體營造出英式 Pub 的感覺。

我雖然不開車，不過對這家 SHIPS LITTLE CARS 很好奇，特地前去瞧瞧。在氣氛悠閒的 SHIPS LITTLE CARS 入口處，擺著兩輛古典 MINI 車，看到不少年輕人在此流連，我也覺得待在這裡很自在。整體說來，SHIPS LITTLE CARS 比一般單純的服飾店面貌豐富，可以說是零售業者尋找出路的一種方式，我覺得結合兩或三種產業的新型態店鋪，未來會更加大行其道。

秉持自身獨特風格前進並回饋社會 ～

SHIPS 在時尚圈發展遊刃有餘，也參與不少回饋社會的活動，展現身為成功大企業的風範。比如從 1996 年起協助非營利機構「下田生命援救俱樂部」舉辦 SHIPS Safe & Clean Campaign，除了參與南伊豆海域的環境美化，還教導年輕人學習在海邊快樂遊玩與保護自身安全，以避免發生意外事故。SHIPS 也持續第五年贊助 mammoth pow-wow music & camp festival（一個由 mammoth 雜誌發起、近千人參加的親子野外夏令營），其他還有映畫（電影）祭等藝術活動。

1. SHIPS LITTLE CARS CAFÉ 氣氛讓人放鬆。（SHIPS 提供）
2. CAFÉ 的這道漢堡味美價廉。（SHIPS 提供）
3. CAFÉ 也販賣英式茶點。（SHIPS 提供）
4. SHIPS LITTLE CARS 以 MINI 汽車為主軸。（SHIPS 提供）
5、6. SHIPS 贊助的 Safe & Clean Campaign，除參與南伊豆海域環境美化，還教導孩童在海邊快樂安全遊玩。（SHIPS 提供）

❶
❷ ❸　❺
　❹

另外，SHIPS 還大手筆贊助 FC TOKYO 足球隊，特地為三十多人的教練與選手量身定做比賽制服與西裝襯衫等服飾，SHIPS 以自身強項替為國爭光的球員們妝點門面，實在是企業極為適切的一種加油方式。

在網路購物愈來愈普及的今日，目前網購（含自家網站與 ZOZO TOWN 著名時尚網站）約占 SHIPS 營業額的一成，不過 SHIPS 認為到實體店面購物與網購的樂趣並不一樣，且配置的商品構成也不同，網購比率再成長也不會多過實體店購物，只要做好各自具差異化的服務，兩者未來會密切共存。

走過三十多個年頭，SHIPS 宛如一艘航行在時尚大海的巨艦，品牌力道既成熟又平穩，現階段的 SHIPS 不追求急速成長，而是保持屬於 SHIPS 的風格慢慢前進。畢竟在日本各行各業景氣都不是很好的情況下，SHIPS 能夠擁有這樣的經營成績，已經相當不容易。

1. SHIPS 贊助 FC TOKYO 足球隊比賽制服與西裝襯衫等服飾。
2. 網路購物約占 SHIPS 營業額的一成。
3. 買鞋還是要到實體店舖試穿才準確。
4. 逛實體店舖與網路購物的樂趣不一樣。
5. 現階段的 SHIPS 不追求急速成長，保持 SHIPS 的風格慢慢前進。

WAKO
與銀座共創歷史的精緻時尚王國

品牌魅力在哪裡？

·商脈具有悠久歷史與時計
　塔擁有銀座地標意義。
·商品與其他零售賣場區隔
　大，具獨一無二性。
·除了販賣精品，還設有美
　食店、茶沙龍、巧克力店
　與展覽廳。

對日本時尚業來說，只要能夠攻進寸土寸金、商圈顧客眼光挑剔的東京銀座，就代表一個品牌的成熟度高與份量夠。在銀座開設店舖的國際精品店少說也有十家以上，本土大小型時尚店舖更是多不勝數，而 WAKO 就是在銀座不斷迎接時代考驗、還能屹立上百年的時尚老舖品牌。當然建構美好生活並非以金錢為唯一考量，不過目標族群屬於金字塔頂端的 WAKO，其商品陣容與成功之道，的確頗引人好奇。

WAKO 是在銀座不斷迎接時代考驗、屹立上百年的時尚老舖品牌。（WAKO 提供）

＊銀座總店
電話：03-3562-2111
地址：東京都中央區銀座 4-5-11

＊ GOURMET SALON（B1）、CAKE&CHOCOLATE SHOP（1F）、TEA SALON（2F）
電話：03-5250-3101（B1）、03-5250-3102（CAKE）、03-3562-5010（CHOCOLATE）、03-5250-3100（2F）
地址：東京都中央區銀座 4-4-8 WAKO ANNEX B1 ～ 2F

＊大丸福岡天神店
電話：092-712-8181
地址：福岡市中央區天神 1-4-1 大丸福岡天神店東館 4F

＊大阪店
電話：06-6245-0666
地址：大阪市中央區西心齋橋 1-3-3 日航大阪飯店 1F

①② ④
③

小型貴族百貨融合時計塔地標 〜

回顧 WAKO 的歷史，要追溯到 1881 年由服部金太郎創設的一家鐘錶（日文為時計）店，也就是 WAKO 的前身。這個起點走過被美軍接管建築物的時期，於 1947 年正式命名為和光（WAKO），自此展開與銀座共寫輝煌時尚歷史的序幕。

經過陸續增設不同商品類別，如今 WAKO 銀座總店發展成一個完整的精緻時尚世界，營業項目極為多元豐富，包含主館的鐘錶、珠寶、男女服飾、配件（皮包、帽子、圍巾、手套、眼鏡、手帕等）、家飾、餐具、化妝品與嬰兒用品等，還有別館的室內用品店（販賣家具、窗簾、地毯、寢具等）、美食沙龍（GOURMET SALON）、茶沙龍（TEA SALON）、甜點（含蛋糕與巧克力）店與展覽廳（舉辦古畫與書法展等，約每月兩次），共同建構出 WAKO 的頂級天地，說是一個小型貴族百貨王國也不為過。

1、2. WAKO 珠寶目標客層為金字塔頂端。
3. 主館的鐘錶賣場優雅大氣。
4. WAKO 別館的室內用品店販賣家具、窗簾、地毯、寢具等商品。（WAKO 提供）

許多人以為 WAKO 只有東京銀座這個據點，其實 WAKO 在日本的時尚版圖老早發展到大阪、名古屋、新潟、福岡、札幌等地，連羽田空港也設有兩家店舖，可想而知其品牌份量是與國際精品同等級。

提到 WAKO，就不能忽略在建築物上方的時計塔，塔身高度九公尺、避雷針為八公尺。這座時計塔採用英國式鳴笛，在每走到整點前四十五秒的時候即會發出聲音，以方便路人準備對

時。到現在 WAKO 建築物仍保留著珍貴的時計塔，歷經被關東大地震毀壞的劫難，這座造型優美的鐘樓於 1932 年重建，2008 年也曾大幅度整修，八十年來一直以昂然挺立的姿勢守候著銀座，還曾獲得經濟產業省認定為近代化產業遺產。日本人到銀座時，總喜歡約在 WAKO 外面；外國人到銀座時，也不忘去 WAKO 看一眼，這個著名地標早已融入銀座的歷史。

| ① | ② | | ④ |
| ③ | | ⑤ | ⑥ |

1. WAKO 茶沙龍改裝不久，到銀座時務必前來坐坐。（WAKO 提供）
2. WAKO 販賣的嬰幼兒用品充滿浪漫美感。（WAKO 提供）
3. WAKO 女裝適合女主管與貴婦。
4. 喜歡甜點的人，別錯過 WAKO 的精緻蛋糕與巧克力。（WAKO 提供）
5. WAKO 建築物上方的時計塔，是銀座的著名地標。（WAKO 提供）
6. WAKO 連羽田空港也設有兩家店舖。（WAKO 提供）

①③　⑤
②④　⑥⑦

商品區隔有道成就百年榮景 ～

日本百貨公司由於商品區隔度不夠，在景氣不見大幅度轉好、且品牌同質性太高的情況下，這幾年有的被併購、有的關門大吉。經營向來走高級精緻濃縮路線的 WAKO，反而避開這種危機，不但與其他零售業者呈現一種 M 型社會的消費對比，也正是自命名和光六十多年來不敗的主因。登錄 WAKO 會員的人數近三萬人，年齡以四十世代為主力，可見客人消費單價遠比客人數量重要。而成為和光的 VIP 並不以年收入多少或每年消費多少金額為基準，完全由 WAKO 依照不公開的基準篩選，實在很神祕，WAKO 也不肯透露 VIP 購物享有多少折扣，只表示有送其所購商品到府的服務。不過以我看來畢竟在商言商，近幾年陸續有來自中國的新富族群眷顧，WAKO 的未來顯然完全不用擔心，依然能夠繼續保持業界的獨特地位。

1. WAKO 經營走高級精緻濃縮路線。（WAKO 提供）
2. WAKO 會員以四十世代為主力。
3. 和光 VIP 不以年收入多少或每年消費多少金額為基準，完全由 WAKO 依照不公開的基準篩選。（WAKO 提供）
4. VIP 購物享有送其所購商品到府的服務。（WAKO 提供）
5. WAKO 也有一些針對女性上班族的包款。
6. 巧克力賣場。（WAKO 提供）
7. 時計塔八十年紀念特別推出的巧克力禮盒。（WAKO 提供）

即使買不起 WAKO 的名錶、珠寶與華服，也有一些一萬日圓以下的零錢包或鑰匙圈，可買來犒賞自己。我多年前就買過一個真皮零錢包，一直珍藏捨不得用，後來將它轉送給好友，對方高興得多次稱謝。

多年來我品嘗過日本不少點心與飲料，WAKO 特別受女性客人歡迎的美食沙龍與茶沙龍，價格並不會很高，而且產品口感細緻，比如葛饅頭凍（洋菜凍內包裹紅豆、抹茶餡麻薯）、鮮果凍（杏、白桃等）等，還有湯品（海鮮、南瓜等），很多人在店內品嘗完，還會買回去。

WAKO 的銷售人員訓練有素（其中有人會說中文），即使不是貴客，照樣可以得到很得體的服務，不用擔心詢問商品後不買會遭白眼。

❶   ❹
❷❸ ❺

1. WAKO 的美食沙龍吸引許多女性客人上門。（WAKO 提供）

2. 近來推出的三明治口味獨特。（WAKO 提供）

3. WAKO 的甜點既美觀又美味。（WAKO 提供）

4. WAKO 採購眼光獨到，針對帽子與圍巾也以專區陳列。

5. WAKO 的貴婦皮包，自行企劃設計的商品占七成。

卓越開發採購能力樹立業界唯一地位 ～

WAKO 能夠睥睨業界，在於商品的企劃開發設計與採購能力非常卓越精準，打造出屬於 WAKO 的尊貴風格，成功祕訣是不與其他業者競爭，在保有 WAKO 傳統又注重革新之餘，還要傾聽客人的意見。比如貴婦皮包，WAKO 自行企劃設計的商品就占了七成，而從世界各國嚴選而來的進口商品約占三成，款式多但件數少，滿足貴客不喜歡與人相同的需求。

另外像和風餐具與裝飾物，WAKO 會引進藝術家像杉野弘美、佐佐木道子等人的作品，就為了提供與眾不同的商品，這種精益求精的精神，自然博得客人的至高

❶　　❺

❷❸　❻❼❽

❹

1. WAKO 的和風餐具與裝飾物，會引進藝術家的作品。（WAKO 提供）

2. 這組起司盤叉美得晶瑩剔透。（WAKO 提供）

3. 猜到是什麼商品？放筷子用的花形箸置。（WAKO 提供）

4. 這款鴿子時鐘很適合擺在床邊。（WAKO 提供）

5. WAKO 不時舉辦充滿文化質感的展覽。

6. WAKO 冰淇淋品質媲美歐洲品牌。（WAKO 提供）

7、8. WAKO 嚴選廠商製造的乾貨與西餅是人氣禮品。（WAKO 提供）

評價。其他商品多半也包含自製與進口，共同打造 WAKO 獨一無二的商品陣容，且其中不少屬於限時、限量生產，整體建構出 WAKO 獨有的特殊性與風格。

為了讓客人隨時掌握新商品訊息，除了季節性的 DM 以外，WAKO 每年發行專刊 CHIME 一萬冊（除了 1、2 月與 7、8 月是雙月刊，其餘是月刊），這本三四十頁的雜誌涵蓋時尚、美食、藝術、展覽等資訊，也就是 WAKO 的縮影。CHIME 編輯製作精美且充滿文化質感，內文常由專家撰寫，水準完全不遜於日本的專業雜誌，甚有保存價值，我手邊就保留了近十本。另外 WAKO 也推出兩本精美商品型錄（美食與禮品），全是嚴選自各地的優質水果、特產與高雅罕有的生活用品，會按時寄給常客。對重視送禮文化的日本人來說，如果選購 WAKO 的禮盒，受贈者會感到非常窩心。

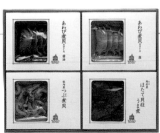

耐人尋味的美麗櫥窗風景 ～

雖然 WAKO 的目標客層有限，不過 WAKO 擁有一個日本知名的特色，卻是人人都可以欣賞得到，那就是被稱為「銀座之顏」的美麗櫥窗風景。WAKO 配合不同檔期與季節，每年會變換十次櫥窗展示，雖然從來不曾直接展示商品，其卓越的美感卻常讓我駐足觀賞良久且記憶深刻。比如用一堆紅蘋果疊出大型高跟鞋、幾尊裸身石膏像中間夾一尊銅像、多種文字組合或抽象意象等，傳達出 WAKO 獨一無二的品牌精神。

本來我一直以為 WAKO 的櫥窗設計是委託何方大師，沒想到全由內部一位四十多歲男性員工所構思，其揮灑出的高超藝術境界，就是比單純只展示商品要耐人尋味。2012 由於適逢時計塔完工八十週年，還特別舉辦櫥窗設計比賽，為 WAKO 注入一些來自外界的創意。

下次到銀座時，順道去領略一下 WAKO 的美學吧！

1. 不愧是 WAKO，用一堆紅蘋果疊出的大型高跟鞋也別有風格。
2. 幾尊石膏像與一尊銅像並列，竟為櫥窗產生一種很好的化學變化。
3. 具象與抽象結合出 WAKO 的獨特意境。（WAKO 提供）
4. WAKO 的櫥窗向來色彩濃烈。（WAKO 提供）
5. 這個櫥窗得獎作品「玉」，讓 WAKO 更增添幾分文化況味。（WAKO 提供）

❶　❷
　❸❹
　　❺

NADiff
提供精神食糧的藝文情報發信先驅

品牌魅力在哪裡？

· 全年舉辦各種藝文活動。
· 在多處美術館與藝文設施
　設有專門店舖。
· 引進海內外獨家設計商品。

NADiff 東京四店舖：

* NADiff apart
電話：03-3446-4977
地址：東京都涉谷區惠比壽 1-18-4

* NADiff contemporary
電話：03-3643-0798
地址：東京都江東區三好 4-1-1 東京都現代美術館 1F

* NADiff modern
電話：03-3477-9134
地址：東京都涉谷區道玄坂 2-24-1Bunkamura B1

* NADiff x10
電話：03-3280-3279
地址：東京都目黑區三田 1-13-3 東京都寫真美術館 1F

多年來一直往返東京，除了喜愛觀察日本商業世界動態，還有一個目的就是為了吸收藝文情報養分，在這方面日本始終就是我心目中的聖殿。我羨慕日本民族性夠細膩精準，所建構的美好精神生活指標，深具亞洲國家中無可取代的唯一性，且各類藝文硬體建設、軟體內涵更是完美無缺，又總是能夠不斷隨著時代需求改變，而 NADiff 正是其中的一個代表品牌。

NADiff 是硬軟體兼具的藝文設施。

品牌名稱轉換但精神不變 ～

1997 年創立的 NADiff，有一個頗為迂迴的身世。七〇年代西武百貨經營的 SEZON 美術館有一家附屬美術書店叫做 ART VIVANT（創立者為蘆野公昭），後來西武百貨不想再跨足文化藝術領域，但屬於公立設施的東京都現代美術館、水戶藝術館與愛知藝術文化中心內都已設有 ART VIVANT 分店，在合約期間不方便隨意結束營業，因此 ART VIVANT 就被幾位創店元老獨立出來成立新公司，從此改稱為 NADiff，乃結合 NEW ART DIFFUSION（新藝術傳布）三字之意。

雖然名稱改變，不過 NADiff 的精神倒是繼續發揚光大，一直為日本的藝文人口所喜愛。以前我常去 NADiff 青山總店（位於地下室），那裡的氣氛頗有世外桃源之感，總能在那裡找到不少獨特的書籍與文具。

此店後來因故結束營業，如今的惠比壽總店是 2008 年新建的一棟獨立建築物，

❶ **❷**
❸

1. 惠比壽總店建築物外觀具現代感。
2. 如今 NADiff 的精神早在七〇年代就已成形。（NADiff 提供）
3. 要找專門的藝術設計書籍，就來 NADiff。

除了一樓的書店、地下室的藝廊屬於 NADiff，還有承租給二樓的 MEM 與 G/P 兩間藝廊，三間藝廊定位大同小異，都走現代藝術路線；而三樓的 TRAUMARIS 為咖啡廳兼活動展場與四樓的 MUDAI（無題）餐廳（類似居酒屋），整合成一處比過往 NADiff 更充滿藝文能量的多元空間，此種複合式商業設施也是近幾年來東京很 In 的商業型態，來這裡可以待上大半天。

集結各種精彩藝文活動的大本營 ～

NADiff 的定位是深耕藝文領域，由於過往奠定的基礎相當深厚，不但在藝文界影響力大、其展現的面貌亦精益求精，而且透過 NADiff 所能接觸到的海內外藝術家非常多。在 NADiff，可以參與的包括新書發表會、小型藝文演講、畫展、攝影展等各類藝文活動，一年到頭至少也有三百場以上，差不多天天都有值得參與的藝文饗宴。

比如攝影家森山大道、現代美術家大竹伸朗、旅居紐約的川原溫與一些外籍藝術家如俄羅斯的 Ilya Kabakov，以及許多知名作家、畫家與新銳藝術家等，NADiff 都邀請得到。像我曾經在 NADiff 參加設計家原研哉的講座，他的設計概念意境悠

1. 二樓的 MEM 藝廊。（NADiff 提供）
2. G/P 屬小型藝廊。（NADiff 提供）
3. 在 NADiff，有許多新書發表會、小型藝文演講、畫展或攝影展等可參與。

遠、耐人尋味，在台灣很受歡迎、進駐世界多國的無印良品，就是在原研哉的加持之下，讓品牌形象提升到具有設計感的層次。NADiff 可說是藝術家的搖籃，像曾與 LV 異業結盟而紅遍世界、台灣人也熟知的藝術家村上隆，身兼寫真家（作品以豔麗花卉與金魚聞名）與導演的蜷川實花，還有以繪動漫少女知名的天才型畫家會田誠等，出道早期也都曾在 NADiff 舉辦展覽。

NADiff 這個提供豐富多元藝文軟體的場域，就像是現實商業世界裡的一股清流，也是 NADiff 是文藝青年齊聚的大本營，深獲二十幾、三十幾歲的青年喜愛，另外還有許多設計工作者與學校老師，也是 NADiff 的忠實支持者。

與日本藝術界關係良好 ～

NADiff 還有比同業強的另一項武器，也可說是一種品牌勢力，就是與日本藝術界的關係良好。全國幾家代表性的美術館與藝文設施，像東京都現代美術館、東京都寫真美術館、涉谷文化村（Bunkamura）、初台 OPERA CITY 藝廊、水戶藝術館與愛知藝術文化中心等處設置店舖或專櫃，其附屬紀念品商店都由 NADiff 代為採購經營。參觀藝文展覽的客人在心靈得到慰藉以後，總會想要買點相關商品回味，NADiff 稱職扮演整合商品的角色，不但樹立在藝文界的獨特地位，也為其營業額加分不少。

1. 在 NADiff 舉辦的藝術作品展具有各種形式。（NADiff 提供）
2. 蜷川實花的作品以豔麗花卉與金魚聞名，也為不少女性拍攝寫真集。
3. NADiff 是個提供豐富多元藝文軟體的場域。
4. 東京都現代美術館裡也有 NADiff。（NADiff 提供）

1. 渋谷 Bunkamura 的 NADiff 氣氛很像台灣誠品。（NADiff 提供）
2. 逛完藝文展覽，客人會想在附設商店買點相關商品回家。（NADiff 提供）
3. NADiff 與日本美術館與藝文設施關係良好。（NADiff 提供）
4. NADiff 販賣一些其他書店少有的雜誌。
5. 艾未未這位令人爭議藝術家的專書。（NADiff 提供）

能夠得到這些美術館與藝文設施的信任，除了 NADiff 本身的經營實力，過去在西武時代所奠定的深厚基礎與延伸下來的廣闊人脈，著實帶來相當大的關係，因此造就了 NADiff 今日在藝文界舉足輕重的地位。

NADiff 有時候也承接上述各藝文設施的主題展覽，為其特別設計製作相關商品販賣，像森山大道、大竹伸朗、蜷川實花、小野洋子（ONO YOKO，披頭四約翰藍儂之妻）、Man Ray 等人，得到很高的評價。

引進獨一無二海內外商品 ～

NADiff 透過經銷商或直接向博物館、美術館、出版社、作家等，採購專業的藝術文化書籍、雜誌、CD 與 DVD 等，幾乎都是一般書店不易買到的品項，由於眼光獨到精準，總給予常客尋到寶的驚喜，這也正是 NADiff 的存在價值。NADiff 還常獨家引進如 T 恤、筆記本、文具、明信片、杯盤、傘、包包、海報、藝術裝飾、繪畫顏料等商品，現在還販賣一些 3C 用品配件，各類商品都相當具有特色。譬如有一種外型像足球的 Ore 包包，由藝術家 Gerhard Richter 設計，質地柔軟、易於攜帶，讓我印象非常深刻，熱愛足球的人大概樂於背著上街吧！還有日本朋友曾送我一套動物造型桌曆，製作得相當生動，後來才發現對方也是在 NADiff 買的。

即使 NADiff 訂貨量不多而價格昂貴，不過由於商品深具設計感、數量有限，往往上市不久即銷售一空。例如一款塑膠製的名片夾，除了色彩鮮豔，也相當輕便實用；另外有一系列圖案充滿日本動漫風的手機保護殼，也是 NADiff 反應很好的搶手貨。

① ② ④ 　 ⑧
　 ③
　 ⑤
⑥ ⑦

NADiff 並非只著眼於海內外的知名設計師商品，同時也扮演發掘潛力藝術家的推手角色，NADiff 會在雜誌或小型藝廊裡尋覓藝術新銳，只要作品有機會在 NADiff 露臉，等於向藝術界前進一大步。NADiff 取締役野崎昌宏表示接不接受新人作品，取決於本質，即使做工粗糙一些也無妨，不過最後到底受歡迎與否，以其多年經驗來說，也沒有一定的標準，因為市場常常在變。

無論未來是如何先進的數位世界，人類都還是需要吸收藝文養分，就像照片精美的大部頭藝術書籍也難以被電子閱讀器取代，所以我相信生命力堅韌的 NADiff，必定能夠隨著時代趨勢改變，繼續生存得很好。

1. NADiff 引進的商品往往獨家且限量。
2. 貓熊形狀的紙藝品很特殊。
3. 這款 Ore 足球造型包包質地柔軟易於攜帶。
4. 壓克力做的別針與耳環，以幾何花紋為主。
5. 動物造型的桌曆，製作得相當生動靈活。
6. 這款塑膠製的名片夾輕便實用。
7. 這些手機保護殼圖案充滿日本獨有的動漫風。
8. 無論未來是如何先進的數位世界，人類還是需要吸收藝文養分。

Chapter **02**

品嘗味道氣氛品牌

提到日本的飲食文化，各類餐廳、甜點屋、水果店所建構出的型態與風格非常豐富多元，而且由於新陳代謝的速度極快，能夠存活超過五年、十年、二十年，甚至上百年，絕對要有非凡的經營本領。本篇列舉的四個品牌，是喜愛日本觀光旅遊、憧憬美食生活的朋友，萬萬不能錯過的代表。

ENTER

Diamond Dining

千疋屋

BEER HALL LION

YOKU MOKU

Diamond Dining
開設潮流主題餐廳的第一把交椅

品牌魅力在哪裡?

· 隨時代潮流配合客人需求
　不斷求新求變。
· 主題餐廳以特殊氛圍、情
　境或料理取勝。

每次到日本,很興奮的一件事就是造訪新餐廳,畢竟味蕾探險也是構成美好生活的一大要素。日本餐飲業競爭非常激烈,為了勝出,各企業無不絞盡腦汁開發新型態餐廳,大部分的餐飲集團擅長複製,一家餐廳成功以後,就在全國各地廣開分店。而另外一種商業模式就是一直求新求變,以帶給消費者新鮮感為第一要務,餐飲集團 Diamond Dining 即為箇中代表。其所開設的兩百二十幾家餐廳名稱很少重複,除了佔最多分店數量的和風食堂與居酒屋以外,其中更包括不少最夯的潮流主題餐廳,就來瞧瞧其創新能力吧!

Diamond Dining 是日本餐飲界開設主題餐廳的第一把交椅。(Diamond Dining 提供)

＊如龍馬
電話：03-5512-0558
地址：東京都港區新橋 2-15-9 S-plaza 彌生 Building 5&6F

＊龍馬街道
電話：03-5461-9148
地址：東京都港區港南 2-16-1 品川 East One Tower B1

＊龍馬外傳
電話：045-324-2841
地址：橫濱市西區南幸 2-6-6 DDZ-POINT 3F

＊ WARAYAKI 屋龍馬道場
電話：03-3431-7670
地址：東京都港區新橋 3-22-3 新橋 SP Building B1~2F

＊迷宮之國 ALICE
電話：03-3574-6980
地址：東京都中央區銀座 8-8-5 太陽 building 5F

＊繪本之國 ALICE
電話：03-3207-9055
地址：東京都新宿區歌舞伎町 1-6-2 T-wing building B2F

＊魔法之國 ALICE
電話：03-3340-2466
地址：東京都新宿區西新宿 1-5-1 新宿西口 HALC B3F

＊幻想之國 ALICE
電話：06-6372-1860
地址：大阪市北區芝田 1-8-1 D.D.HOUSE1F

不斷變化以帶給客人歡喜與感動 ～

1996 年成立的 Diamond Dining，集團共包含七家子公司，取這個名稱乃期望始終為餐飲界發光的原石，所開設的兩百二十幾家餐廳名稱儘可能不同（有些字面類似），這完全來自社長松村厚久的想法。旗下餐廳（也包含幾家 Cafe 與 Bar）有九成專門販賣如燒烤、鍋物、地雞、鮮魚、豬肉、牛舌等鄉土料理，皆以「讓客人歡喜與感動」為出發點，再以非日常性的概念、故事與背景來營造空間，各種特殊主題例如竹取百物語、夜櫻美人、戰國武勇傳、一寸法師、九州男道、坂本龍馬與 ALICE 系列等，都提供安全、安心、健康的美味料理。

Diamond Dining 的市場策略就是隨著時代配合客人需求變化，並且不斷將料理內涵予以進化，比起大多數餐飲品牌只是不斷複製拓店，這種模式的難度顯然高出很多，雖然需要花費許多心思作戰，不過顯然很投合消費者口味。創造出兩百多億日圓的高營業額，說是業界呼風喚雨的第一把交椅實不為過。

1. 夜櫻美人餐廳氣氛洋溢傳統和風美人情調。（Diamond Dining 提供）
2、3. Diamond Dining 餐廳九成專門販賣如燒烤、地雞、鮮魚等鄉土料理。（Diamond Dining 提供）
4. 大阪竹取百物語餐廳座椅以大型綠竹為造型，非常有創意。（Diamond Dining 提供）

1. 戰國武勇傳是以日本戰國時代武士為主題開設的餐廳。（Diamond Dining 提供）
2. 客人日益減少再轉成新型態餐廳，對 Diamond Dining 來說是正常的新陳代謝。（Diamond Dining 提供）
3. Diamond Dining 旗下大部分餐廳都開設在東京。（Diamond Dining 提供）

也許有人質疑，潮流主題餐廳能維持多久呢？不用擔心。因為 Diamond Dining 不但老早習慣這種盛極而衰的生態循環，而且還是常打勝仗的箇中高手。一家餐廳平均約五年即可回收成本，客人日益減少的話，再轉設為新型態餐廳就好了，反正一切都在其盤算之中。至今開設的兩百二十幾家餐廳中，必須結束營業的例子不超過一成，對 Diamond Dining 來說就是一種正常的新陳代謝，剛好拿來改造成新型態餐廳再創佳績。順便一提總公司在東京的 Diamond Dining，超過八十家餐廳都設在東京，尤其一級戰區的新橋、新宿、池袋與品川等，大半選擇離車站近、人潮多的地區開店。

以坂本龍馬為主題的鄉土料理餐廳 ～

說起 Diamond Dining 開設知名歷史人物坂本龍馬系列餐廳，其實也是個巧合，因為社長松村厚久出身高知縣（古稱土佐），剛好就是坂本龍馬的故鄉。Diamond Dining 最初只是單純以當地的鄉土料理為賣點，店內空間以坂本龍馬成長故事與時代背景為設計風格。此系列餐廳首先於 2008 年開張的是「如龍馬」，一開始

生意並沒有非常好，2010 年初適逢大河劇《龍馬傳》在日本推出，由於迴響很大，餐廳才變得門庭若市。拜此一風潮之賜，Diamond Dining 至今一共開設了六家龍馬風格的餐廳。

這六家坂本龍馬系列餐廳的靈魂與名稱大同小異，除了「如龍馬」以外，還有龍馬外傳、龍馬街道、龍馬之空別邸、WARAYAKI 屋龍馬道場、WARAYAKI 屋龍之塔等，看來日本人真的很買龍馬的帳。

一進入餐廳空間，彷彿來到時代劇現場，尤其在「龍馬傳」播出那段時間，有幾家店內還樹立

著坂本龍馬的銅像，現在就完全以美味料理取勝。這六家坂本龍馬主題餐廳都販賣高知縣的鄉土料理，客人最低消費一人約四千日圓，以我去過的「如龍馬」來說，例如地雞、鹽燒半熟鰹魚、炸蝦、柳川鍋（煮鱔魚、牛蒡）、生和牛、青苔天婦羅等，都很合喜歡和食者的胃口，尤其柳川鍋吃起來暖呼呼，冬天尤其適合。

開設潮流餐廳免不了會出現競爭者模仿，不過由於 Diamond Dining 財力雄厚，能夠留得住手藝好的廚師，即使常推出新型態餐廳，就是有本事讓消費者覺得還是 Diamond Dining 所開餐

❶ ❸❺
❷ ❹❻

1. 龍馬系列餐廳以坂本龍馬故鄉的高知縣鄉土料理為主。（Diamond Dining 提供）
2. 龍馬系列餐廳空間以坂本龍馬成長故事與時代背景為設計風格。（Diamond Dining 提供）
3. 柳川鍋是熬煮鱔魚、牛蒡等的著名鍋物。（Diamond Dining 提供）
4. 肉與油脂分布均勻的霜降和牛，才是上等壽喜燒。（Diamond Dining 提供）
5. 地雞肉相當有嚼勁。（Diamond Dining 提供）
6. 青苔天婦羅吃來爽脆，是下酒小菜。（Diamond Dining 提供）

1. 花三千五百萬日圓裝潢費的「如龍馬」。（Diamond Dining 提供）

2. 「龍馬外傳」裝潢費花了兩千萬日圓。（Diamond Dining 提供）

3. Diamond Dining 開設了六家愛麗絲系列主題餐廳。（Diamond Dining 提供）

❶

❷　❸

廳才是本尊。重頭戲的菜單除了由總料理長掌控主導，還會傳承給各店的統括料理長，統括料理長再傳承給一般料理人。而且 Diamond Dining 在餐廳內部設計方面很捨得砸大本，像「如龍馬」就花了三千五百萬日圓、「龍馬外傳」花了兩千萬日圓來裝潢、迷宮之國 ALICE 花了八百萬日圓整修，用華麗感拉開與競爭模仿者的距離，也造就出傲視業界的口碑。

以愛麗絲夢遊奇境為概念的洋食餐廳 ～

Diamond Dining 規劃創造的另一種潮流餐廳，就是以世界著名童話故事《愛麗絲夢遊奇境》為藍本，所開設一系列包括迷宮之國 ALICE、幻想之國 ALICE、繪本之國 ALICE、魔法之國 ALICE、古城之國 ALICE 與舞踏之國 ALICE 等六家愛麗絲夢境型餐廳。

1. 新宿的繪本之國 ALICE 的年營業額超過兩億日圓。（Diamond Dining 提供）

2. ALICE 系列餐廳提供一種讓客人做夢的神祕空間與氛圍。（Diamond Dining 提供）

3. 迷宮之國 ALICE 入口處設計了布幕，益發讓客人產生一探究竟的好奇心。

位於銀座的迷宮之國 ALICE 於 2003 年開設，是此系列的第一家餐廳。Diamond Dining 原先只是抱著嶄新嘗試的心情試探市場，沒想到一炮而紅，新宿的繪本之國 ALICE 甚至創造了年營業額兩億日圓的輝煌成績。

ALICE 系列餐廳的魅力到底在哪裡？比較突出的是這六家餐廳提供一種讓客人做夢的神祕空間與氛圍，好像自己就成為故事主人翁，無論現實生活裡遇到什麼不愉快之事，只要來到這裡，煩惱都可以暫時煙消雲散。此時端出來的菜色只要賞心悅目就足夠，因為客人來這裡的重點並不是為了吃。

以我去過的迷宮之國 ALICE 來說，當電梯一打開，首先看到的是布幕，經過專人引進，餐廳內的大咖啡杯、天花板上的大張撲克牌與充滿奇幻感的背景音樂，讓人瞬間立刻陷入一種如夢

似幻的情境。約五十種菜色裡，以方便調理的義大利麵、燉牛肉、披薩等為主，冷盤、甜點也不少，雖然看來美侖美奐，但老實說菜色簡單、口味也只算普通，顯然料理不是ALICE系列餐廳的賣點。

迷宮、幻想、繪本、魔法、古城與舞踏之國ALICE這六家餐廳的主要客群，有六成是三五成群的女性客人，另外四成是年輕情侶，尤其來慶祝生日的人最多。公關表示以五人團體來說，一年就會一起來消費二十五人次，客人最低消費額一人約四千日圓，怪不得營業額會破億。由於想上門的客人太多，這六家餐廳的座位又有限，因此皆採取預約制。公關強調至少要在半個月以前來電，由於幾乎沒有臨時取消的客人，想直接上門的話，肯定進不去。尤其情人節、萬聖節與聖誕節，店方會推出特別套餐，更須提早在一、兩個月以前預約。

①　③
②　④
　　⑤⑥

1. 迷宮之國ALICE餐廳內的大咖啡杯、天花板上的大張撲克牌，營造出一種如夢似幻的情境。（Diamond Dining 提供）
2. ALICE系列餐廳以慶生客人居多。（Diamond Dining 提供）
3. ALICE系列餐廳料理美侖美奐。（Diamond Dining 提供）
4. ALICE系列餐廳料理約有五十種菜色。（Diamond Dining 提供）
5. ALICE系列餐廳在情人節、萬聖節與聖誕節會推出特別套餐。（Diamond Dining 提供）
6. 充滿奇幻與魔法感的甜點。（Diamond Dining 提供）

潮流餐廳充分反映社會需求 ～

我時常觀察台日兩地的社會發展，對比起來，台灣很少有像龍馬或 ALICE 這類潮流主題餐廳，這其實反映出日本社會的需求。

向來以追趕歐美潮流為取向的日本社會，任何歐美的一流餐飲、甜點品牌幾乎都會被引進。不過在全球的金融海嘯肆虐之後，歐洲國家一個個出現經濟問題，加上三一一震災的日本國難，更喚起日本人向內思考探索的意識。以龍馬系列餐廳來說，好比是一個以「和」為根基的本土餐飲品牌，在吃多了各種洋食後，此時剛好又透過日劇《龍馬傳》的推波助瀾，或許日本人格外領悟遠古時代自己家園就有一位英雄。我覺得龍馬系列餐廳的人氣多少與此有關，不過如果想要經營長久，當然最終仍須以料理取勝。

而以 ALICE 系列餐廳來說，也許處於高度發展社會的日本人生活壓力大，有時很

需要這種完全脫離日常生活、可以暫時逃脫的非現實空間來放鬆喘息。像同業裡的女僕或執事（男管家）餐廳一直有人氣，也是出於客人的這種心境（外加一些想被伺候的需求）吧！

由於日本國內市場日趨飽和，以關東地區為主要戰場的 Diamond Dining，未來將會把版圖延伸至海外，目前在洛杉磯已設子公司，以著手尋覓適合開設餐廳之地，未來 Diamond Dining 也不排除來台開店的可能，讓我們拭目以待。

❶　　❷❸
　　　❹

1. 龍馬系列餐廳是一個以「和」為根基的本土餐飲品牌。（Diamond Dining 提供）
2. 餐廳要經營長久，最終仍須以料理取勝。（Diamond Dining 提供）
3. 日本人生活壓力大，需要 ALICE 系列餐廳這種脫離日常生活的非現實空間來放鬆喘息。（Diamond Dining 提供）
4. 以關東地區為主要戰場的 Diamond Dining，未來將會把版圖延伸至海外。（Diamond Dining 提供）

千疋屋
頂級水果打造的華麗殿堂

品牌魅力在哪裡？

· 送禮的首選。
· 水果與相關商品擁有一流
  品質。
· 旗下餐廳氣氛高雅精緻、
  口味佳。

千疋屋三店舖：

＊日本橋總店
電話：03-3241-0877
地址：東京都中央區日本橋室町 2-1-2

＊羽田空港店
電話：03-6428-8704
地址：東京都大田區羽田空港 3-4-2 第 2 旅客
Terminal Building Market Place B1

＊舞濱 IKSPIARI 店
電話：047-305-5721
地址：千葉縣浦安市舞濱1-4 IKSPIARI 107（1F）

在階級社會的日本消費時，常有一種感覺，就是每種商店（包含餐廳、旅館等）都可以由下往上找到四、五種層級，有不少日本人覺得美好生活取決於金錢多寡，這種看法當然是見仁見智。偶而抱著開開眼界的心態見識頂級店舖一兩次，也能為自己增加一些不同的生活經驗。這裡要談的是販賣水果，此事當然不稀奇，不過能將這個生意發揚光大到極致，進而創造出超高級口碑的連鎖店舖，並樹立全日本第一優質品牌的頂級形象，放眼全日本只有千疋屋（SEMBIKIYA）能夠做得到。千疋屋能夠成功，固然具有一流的本領，但背後其實與日本人重視送禮的文化習俗密不可分。

千疋屋樹立全日本第一優質水果品牌的頂級形象。

擁有一百多年歷史的老舖 ～

創業於 1834 年的千疋屋，LOGO 是一個代表收穫的女神，目前全國共有十四家直營店舖，主顧客以四、五十世代的富裕階層為主，年營業額約六十億日圓。千疋屋總店始終屹立於日本橋（目前店舖於 2005 年遷移至三井大樓）這裡地價高昂（僅次於銀座）、生意競爭激烈，擁有一等一的本事，才能夠走過時代的各種考驗、生存長久。千疋屋連羽田機場也設置分店，可見前往日本各縣市出差旅遊時，也有許多日本人要買其商品。

屬於業界一哥的千疋屋對於耕耘水果市場既久又深，財力足、卡位早、眼光準，得以建立在業界舉足輕重的崇高地位，讓競爭對手始終無從超越。尤其日本是個講究交情與誠信的社會，千疋屋早與眾多水果批發商與農家建立穩固關係，所以能夠採購到全國品質最優良的水果（若不夠好會被千疋屋退貨）。

現任社長大島博是第六代傳人，千疋屋成立一百多年以來，始終秉持要給客人最好吃水果的理念。無論時代如何演進，永遠有一群環境富裕的人捧場，對這些人來說，送人頂級水果或自身享受是美好生活的面向之一。不僅消費者需求沒什麼改變，經營上也幾乎沒受到幾波不景氣影響，即使在二次世界大戰期間也不曾停止營業，千疋屋這種承天庇佑的好命，實在令商業界許多常需轉型的品牌羨慕。

① **②**
③

1. 千疋屋連羽田機場也設置分店。（千疋屋提供）
2. 千疋屋能夠採購到全國品質最優良的水果。
3. 千疋屋成立一百多年，理念就是要給客人最好吃的水果。

水果陣容堅強、品質超高級且周邊服務佳 ～

千疋屋除了主要從兩、三家大批發商採購，也會與農園共同開發珍稀水果品種，兩者共佔約七成，其他日本較少的水果則仰賴廠商從海外進口（如美國的葡萄柚、柳橙與檸檬，墨西哥的芒果等）。提到店內常駐陣容包括水蜜桃、哈密瓜、蘋果、西瓜、柿子、葡萄、草莓、櫻桃、梨、李子、枇杷、芒果等，連感覺較廉價的木瓜、香蕉、葡萄柚、奇異果、檸檬等，在千疋屋也由於品種不凡，價格連帶地昂貴起來。反正適合送禮的水果，幾乎千疋屋都有販賣，而且都是賣相最優良、口感最美味的首選。為了保持優良的商譽，千疋屋只將最新鮮的水果端上賣

場，內部並不囤積水果（只有一大一小的冰箱），因為合作默契佳的廠商會隨時進貨。只要水果狀況稍微變得不好即下架，例如水蜜桃與哈密瓜都只有五天左右的保鮮期，控管相當嚴格。我請問負責企劃開發的大島有志生常務取締役（即董事），水果有一定的賞味期限，要採購多少數量才不會造成庫存損失？他表示完全憑直覺與經驗，反正遠在水果腐爛以前，就下架作為果汁、果醬與果乾等周邊商品的原料，如此完全物盡其用。

到底千疋屋的水果有多高級？比如一顆溫室栽培的嚴選哈密瓜兩萬一千日圓、含七八樣水果的綜合禮盒至少一萬多日圓、一串葡萄（約八百公克）近萬日圓、一顆次郎柿兩千一百日圓、一顆木瓜一千五百七十五日圓等，比國內微風廣場超市的日本進口水果還貴。

千疋屋的禮盒，除了主體的高級水果以外，還可搭配自製的果汁、醃漬水果、果醬、果凍、果乾、冰淇淋、葡萄酒（含部分進口品牌）、蜂蜜、調味醬等，還有

①③　⑤⑥
②④

1. 千疋屋的檸檬看來多汁美味。
2. 最頂級的哈密瓜，一顆要二萬多日圓。
3. 千疋屋的葡萄一串要上萬日圓，銷路還是很好。
4. 台灣也有進口的次郎柿，價錢也沒這麼高。
5. 製作果汁、果醬與果乾等周邊商品，讓千疋屋採購的水果物盡其用。
6. 購買千疋屋的禮盒，除了主體水果以外，還可自行搭配所需商品。

餅乾、起司蛋糕、堅果，甚至還推出微波即可食用的咖哩與湯品，組合方式可完全隨客人作主，不曉得送什麼好的人，就直接挑選現場配好的禮盒，包裝也是非常高貴典雅。

由於千疋屋的客人有九成都是買來送禮，日本橋總店還設置花卉專區，每季至少有十多種鮮花，有專業人士幫忙製作美麗花籃與花束。千疋屋就是擁有設身處地為送禮者著想的體貼心思，難怪能夠長久得到主顧客的心。

❶❸　❺❻
❷❹　❼❽

1. 千疋屋自製的冰淇淋原料新鮮，一定要品嘗看看。

2. 千疋屋還推出餅乾、起司蛋糕、堅果與微波即食的咖哩與湯品，組合方式完全隨客人作主。

3. 葡萄酒包含自製與進口品牌。

4. 洋酒果乾禮盒。

5. 日本橋總店還設置花卉專區，每季至少有十多種鮮花。

6. 花卉專區裡有多種贈禮的製作範本。

7. 沒想到單朵玫瑰可以包裝得這麼美麗。

8. 玫瑰花盤組與花束感覺不同。

1. 千疋屋的咖啡廳氣氛高雅。
2. 千疋屋咖啡廳的甜點很受女性歡迎。

吸引客人進行連續性的消費 ～

做生意老手的千疋屋，懂得吸引客人進行連續性的消費行為，日本橋總店這個發展到極致的旗艦店舖，有「水果博物館」的美稱。在一樓的販賣區（FRUIT PARLOR）選購完水果，二樓還設有可喝新鮮果汁等飲料、品嘗甜點的咖啡廳（Caffe di FESTA）與 DE'METER 法國餐廳，無論逛累休息一下或者用餐、招待客人都很方便。

裝潢費高達三、四億日圓的 DE'METER 法國餐廳，不僅家具由芒果木與椰子木製作；以施華洛世奇水晶為材質的燈具，打造出水花、冰粒與雪結晶的意象，讓整個空間洋溢華麗洗鍊感。主廚充分活用食材原味烹調的主菜，像和牛、小羊肉、鵝肝等都口碑極佳。DE'METER 每季會更換一次菜單，還有上百種洋酒讓佳肴更顯美味，午餐價位從三千多至五千多日圓，晚餐從八千多至一萬多日圓。

或許店內氣氛有催化作用，我在千疋屋嘗過水果聖代與三明治，覺得鮮美程度的確沒話說。在此順便推薦一個受 OL 與貴婦歡迎的單日行程，就是在千疋屋吃完

午餐（有水果三明治、紅酒牛肉飯、義大利麵等，一千多至兩千多日圓），下午前往日本橋附近的百貨公司、賣場購物以後，傍晚再回到千疋屋享用法國料理，劃下一個完美句點。喜歡到東京自由行的國人也可參考一下，旅行時順便犒賞自己也是應該的。平常我有時會買幾樣喜歡的水果、將土司切邊作成三明治，再用漂亮的盤子盛裝享用，雖然水果不像千疋屋那麼高級，但美好的滋味並不會差太多。

由於千疋屋日本橋總店位於三井高層大樓，在整棟樓內打拚的上班族，中午有不少人會就近來千疋屋用餐，所以這裡總是很容易客滿。

1. 千疋屋開設的 DE'METER 法國餐廳，完全是行家姿態。
2. 前菜既賞心悅目又美味。（千疋屋提供）
3. 千疋屋的法國料理講究食材，這款海鮮選用加拿大產的明蝦。
   （千疋屋提供）
4. 鵝肝核桃秋葵料理相當有人氣。（千疋屋提供）
5. 千疋屋的水果聖代是長紅商品。（千疋屋提供）
6. 水果三明治清爽可口。（千疋屋提供）
7.「水果頒布會」已有三十年歷史。
8. 在千疋屋購買水果總額達三十萬日圓，即可到 DE'METER 法國餐
   廳享受一頓晚餐。（千疋屋提供）

信譽加行銷創造長紅業績～

如果成為千疋屋的會員，購物可享百分之五的折扣，一年消費超過三十萬日圓，可享被招待晚餐的機會。千疋屋三十年前即成立一個「水果頒布會」，只要月繳五千兩百五十、一萬零五百或兩萬一千日圓，每種價格都可持續訂購六或十二次（即半年或一年期限），每月下旬就可收到千疋屋寄來的精選水果，尤其頗受不方便親自上門的遠道客人歡迎。而平常在千疋屋購買水果總額達三十萬日圓（不含稅、無期限）的話，會招待客人到旗下的 DE'METER 法國餐廳晚餐。

如果換成國人，大概多半會覺得價格這麼高，還是自己去挑選比較符合喜好且保險吧！尤其郵寄時很容易壓壞。我請問大島常務取締役，日本消費者不會覺得自己選比較好嗎？他回答每個月店內會展示「水果頒

布會」的禮盒，不過客人完全信賴千疋屋的安排。這實在是經營品牌的最高境界，讓我格外敬佩千疋屋。千疋屋就是多年來都不輕忽任何一個細節（比如絕對不用擔心會收到瑕疵水果、郵寄時會特別強化防撞包裝與冷藏等），才能夠博得常客發自內心的信任，信譽對品牌的確是無比珍貴的資產，最終自然能為企業帶來源源不斷的營收。

千疋屋常舉辦水果吃到飽（日文叫「食放題」）活動，一人四千兩百日圓，一次可品嘗至少二十種水果；另外每年也舉辦甜點蛋糕 FAIR、「女子會」（由於日本近幾年很流行幾位女性一起聚會用餐，許多餐廳或甜點屋都會舉辦這類針對女性客人所企劃的聚會）等活動，讓千疋屋常常門庭若市。以一般上班族來說，就算平常看到頂級水果買不下去，偶而來千疋屋嘗嘗，倒不至於花太多錢。

① **③④**
② **⑤⑥**

送千疋屋禮盒讓人笑到心坎裡 ～

任何一個產業在哪個地方受歡迎，絕對與當地的人文喜好、物產強弱、風俗民情等大有關聯，至於發展出的細緻度與面貌，就充分反映民族性。好比 Apple、微軟、Google 等全都來自 IT 產業興盛的美國；香水產業發源自注重感官的法國等。由於送禮是日本人根深蒂固的文化習俗，加上天性講究唯美精緻，更促使千疋屋成為民眾心目中的頂級代號（Deluxe Icon）。

每逢中元、過年等節慶，或個人酬酢、生日等，千疋屋在日本人的送禮選擇排行榜中，肯定排在前三名。如果送日本人千疋屋的頂級禮盒，不僅送禮者有面子，收禮者更是開懷笑到心坎裡，因為那代表對方重視自己的程度。記得幾年前有次去拜訪大學暑假寄宿的父親老友家時，我入境隨俗特地去買了千疋屋一盒五千多日圓的栗子，那天一直到我離開時，日本伯母大概讚美了三、四次，讓我深覺自己做了一件很對的事。而即使距離三一一大地震才半年，我在日本橋總店攝影那天，並非遇到特別節慶，但待了一個多小時裡，起碼看到三、五個長輩向店員訂購禮盒，由此可推知逢年過節時千疋屋的盛況。

現在千疋屋也配合時代潮流，提供郵購與網路購買（除自家網站，也和樂天、日本雅虎合作，

現占整體營業額約近百分之二十）服務，還特別在包裝上加強，以免頂級水果到了客人手中時壓壞走樣（若壓壞可換）。有心想品嚐千疋屋水果滋味的國人，可趁出差、旅遊日本時去選購，不過要記得不能伸手去摸喔！這樣會讓嬌嫩的高級水果產生捏痕，請動作小心翼翼的店員服務即可。另外千疋屋還細心地在不同水果陳列區下方，置放著各種水果的小紙張，上頭寫有保存與食用方式，可自由拿取參考。

我想只要世界還存在，千疋屋的生意都會一直門庭若市。

1. 千疋屋以優良品質博得信譽，對品牌是無比珍貴的資產。
2. 女性客人喜歡到千疋屋喝下午茶。（千疋屋提供）
3. 千疋屋對日本人來説，是心目中的送禮頂級品牌。
4. 收到千疋屋的水果禮籃，代表對方的重視。
5. 千疋屋一盒五千多日圓的栗子，曾讓日本伯母讚美不已。
6. 在千疋屋買水果，請動作小心翼翼的店員服務即可。

BEER HALL LION
與親朋好友快樂相聚的啤酒屋

品牌魅力在哪裡？

· 餐廳氣氛熱絡、價格公道。
· 菜餚豐富美味、上菜速度快。
· 生啤酒新鮮好喝。

BEER HALL LION 三間店：

* **BEER HALL LION 銀座七丁目店**
電話：03-3571-259
地址：東京都中央區銀座 7-9-20 1F

* **BEER HALL LION 池袋東口店**
電話：03-5979-7080
地址：東京都豐島區南池袋 1-26-9 第 2MYT Building B1

* **YEBISU BAR 大崎店**
電話：03-3779-9321
地址：東京都品川區大崎 1-6-5 大崎 NEW CITY 5 號館 2F

日本的餐飲業非常發達，全國各地有數不清的各類餐廳，從幾百日圓即可打發的連鎖食堂、一餐一千多日圓的大眾餐廳、幾千日圓的日式西式餐廳，到幾萬日幣的皇宮型豪華餐廳都有，餐廳等級多且各有千秋。除了讓我羨慕日本人的外食選擇超多，也深深感到日本人喜愛以美食來犒賞自己，畢竟這是建構美好生活的方式之一。在東京這個國際大都會，每到週五晚上如果不事先預約，好餐廳幾乎都處於客滿狀態，臨時想進去用餐的話，只能等一、二兩個小時再說。而位於銀座七丁目的 BEER HALL LION，就是這樣長年具有高人氣的熱門餐廳。

銀座七丁目 BEER HALL LION，是擁有長久歷史與超高人氣的熱門啤酒屋。

❶ ❸❹
❷

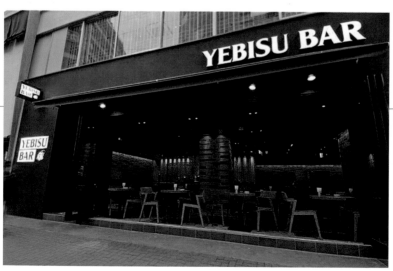

透過飲食提供生活的喜悅 ～

BEER HALL LION 屬於株式會社 SAPPORO LION，此大型餐飲集團本身乃釀酒起家，旗下經營約兩百家餐廳，年營業額整體高達二百七十多億日圓。其中以啤酒屋、居酒屋、愛爾蘭式 Pub 與 Bar 為主，另外也跨足經營中華餐廳、韓式餐廳、羊肉亭、火鍋店與炭燒餐廳，還擁有酒莊、大型宴會廳等，無一不是以「透過飲食來提供生活的喜悅」為使命而開設。而創立於明治三十二（1899）年的 BEER HALL LION 連鎖餐廳，目標族群為三十後半至五十世代的上班族，目前共有四十多家，地點多集中在車站附近與商業區。

如果不是親臨現場，絕對很難想像 BEER HALL LION 銀座七丁目店的盛況，餐廳內的每個小圓桌擺得很靠近、每桌又坐滿三、四人，大家來到啤酒好喝的 BEER HALL LION，乾杯聲與吵雜人聲溢滿整個餐廳，同時也讓人胃口大開。喜歡高雅靜謐謐氣氛的人，就不適合來 BEER HALL LION，不過若想吃得滿足、喝得痛快，來 BEER HALL LION 準沒錯。

1. 株式會社 SAPPORO LION 旗下經營約兩百家餐廳，其中的高級居酒屋 KAKOIYA。
2. YEBISU BAR 目標族群鎖定年輕男性上班族。（BEER HALL LION 提供）
3. BEER HALL LION 設店地點多集中在車站附近與商業區。（BEER HALL LION 提供）
4. BEER HALL LION 是讓人胃口大開、猛乾杯的餐廳。（BEER HALL LION 提供）

德國風食堂歷史悠久、建築裝潢值得玩味 ～

在 BEER HALL LION 連鎖餐廳裡，最值得介紹的就是 BEER HALL LION 銀座七丁目店，這間餐廳成立於昭和九（西元 1934）年，是此系列餐廳中歷史最悠久者，也具有帶領的龍頭地位。即使歷經東京大空襲的砲火轟炸、各地都滿目瘡痍之下，BEER HALL LION 卻奇蹟似地完全沒受到損傷。在戰後的 1945 至 1951 年間，BEER HALL LION 銀座七丁目店曾成為進駐軍專用（日本人禁止進入）的場所，有人開玩笑說是因為進駐軍要留一個喝酒的地方，才特別不予以轟擊。姑且不論這個有趣傳說的真偽，但也為 BEER HALL LION 的長命增添幾分傳奇色彩。

BEER HALL LION 銀座七丁目店是由菅原榮藏所設計，深具德國風格的內部裝潢

處處隱藏著這位建築師的巧思，共同營造出一種低調奢華與引人氣勢，格外值得玩味。例如支撐建築主體的多根方柱以瓷磚包覆，四周牆面上鑲嵌著十幅由馬賽克瓷磚所拼貼的花卉壁畫，尤其正前方牆面的拼貼壁畫相當引人，主題為穿著希臘風服裝婦女收割大麥，使用的這些瓷磚全由當時知名的山茶窯製陶所與泰出製陶所燒製。

1. BEER HALL LION 銀座七丁目店，是此系列餐廳中歷史最悠久者。
2. BEER HALL LION 銀座七丁目店是銀座的著名地標之一。
3. 支撐建築主體的方柱以瓷磚包覆。
4. 以前的釀酒器具現變成店內裝飾物。

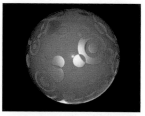

① ③　⑥
② ④
⑤

1 / 2. 由馬賽克瓷磚所拼貼的十幅花卉壁畫各有千秋。
3. 由多個大小圓球串在一起的燈具造型，象徵啤酒泡沫。
4. 大圓球燈上刻有許多圓形花紋，很耐人尋味。
5. 餐廳的真皮椅座，坐再久也舒服。
6. 可容納兩、三百人的銀座七丁目店。

另外菅原榮藏還特別設計了兩種室內燈具，一種是由多個大小圓球串在一起的造型，另一種大圓球燈上面刻有許多圓形花紋，兩者皆象徵啤酒的泡沫、又深具美感，讓人回味再三。而餐廳內天井高的設計，也讓客人不會產生絲毫壓迫感；還有原木椅座以真皮製作、四周用鉚釘固定，就算久坐也很舒適。這些不張揚的室內設計細節，為 BEER HALL LION 銀座七丁目店增添不少風雅。

菜色多、上菜速度快又美味 ～

每次到 BEER HALL LION 用餐，有一個很愉快的經驗，就是不但菜色選擇多，而且點菜後總是不到10分鐘就上菜，這背後來自於豐富經驗的運作。比如以可容納兩、三百人的銀座七丁目店來說，廚師加服務人員就有九十位，主要是每樣料理都有標準作業程序，且事先將預估的食材、配料準備好，當然廚房空間也要夠大、更需手藝熟練的廚師與相關人員，難怪能夠獲得客人長年支持。

提到 BEER HALL LION 的菜單，以好搭配啤酒的海鮮與肉類最具特色，皆由商品

❶❷　❼
❸❹　❽
❺❻　❾

1. 炒蛤蠣非常新鮮美味，讓人喝起啤酒一口接一口。

2. 酥炸章魚是下酒好菜。

3. 無肉不歡者絕對要點烤牛肉。（BEER HALL LION 提供）

4. 人氣高的北海道章魚切片。（BEER HALL LION 提供）

5. 醃青魚新鮮甘甜。（BEER HALL LION 提供）

6. 試試看燻北海道天然紅鮭魚。（BEER HALL LION 提供）

7. BEER HALL LION 販賣的生啤酒約有十種。（BEER HALL LION 提供）

8. 怎樣的生啤酒最好喝？液體與泡沫呈七比三之黃金比例。（BEER HALL LION 提供）

9. BEER HALL LION 網購近年也推出應景的年菜料理。（BEER HALL LION 提供）

開發部的全國總料理長與各分店的料理長共同構思，除了保留不少人氣料理，每季也會更換約十種菜色。我去過 BEER HALL LION 銀座七丁目店幾次，嘗過的海鮮沙拉、酥炸章魚、炒蛤蠣、德國香腸等都很新鮮美味，也讓人喝起啤酒來忍不住一口接一口，而烤牛肉、魚料理等也口碑不錯，料理單點價格約五百多至一千多日圓，以東京的高昂物價來說，可說相當公道。

而生啤酒也是 BEER HALL LION 的特色，店裡販賣的生啤酒約有十種，自然全都屬於 SAPPORO BEER，肥水不落外人田嘛！而好喝的生啤酒需具備三條件，那就是：啤酒溫度保存在 2~4℃、酒樽氣壓高低要設定剛好，以及酒杯、酒樽內部至抽出口都要洗淨，以避免細菌繁殖與附著酵母。且最好喝的生啤酒有一個黃金比率，那就是液體與泡沫呈七比三之比例。我最喜歡喝一種叫做白穗乃香的生啤酒，不僅聞起來很香，泡沫非常細，且帶著一股濃醇的口感。

行銷策略靈活廣拓財源 ～

BEER HALL LION 每年在七到九月常推出宴席料理，一個人收費五、六千日圓，就可享有八、九道菜餚，飲料還可喝到飽，對想開 Party 的人來說，是一個好選擇。而 BEER HALL LION 充分配合 e 時代客人的需求，開發的通信販賣「味的直送便」項目裡，有與富山縣的知名料亭五萬石合作的年菜料理（OSECHI），頗讓人感到意外，公關解釋那是因為公司歷史悠久且注重傳統，推出後果然受到客人稱讚。由於料理深獲消費者歡迎，BEER HALL LION 這項網購事業日益成長，目前已推出如生火腿、燉牛舌、烤和牛、香腸、炸雞塊、羊肉片、披薩、咖哩、信州蕎麥麵、北海道薯片、梅子、礦泉水、啤酒杯等二十幾種商品。

❶❸ ❹
❷ ❺

BEER HALL LION 在每年八月四日創業祭時，會舉辦「BEER HALL 之日」，當天生啤酒全部半價優待，而且銀座地區各分店與新宿店也配合舉辦餘興節目，比如與客人一起跳舞，十多年來如此共享歡樂。

雖然生意鼎盛，BEER HALL LION 仍積極與銀行合推聯名卡，不放過任何客人。入會者除了一年可獲得兩張生啤酒券，消費時還享有百分之七的優惠，每消費三千日圓（六十歲以上者為一千五百日圓）獲得紅利一點，二十點以上就可免費兌換食品，達到百點者更可兌換北海道的鱈場蟹。

SAPPORO LION 不愧行銷有術，這幾年另外鎖定上班族開設新型態的 YEBISU BAR，雖然店舖比 BEER HALL LION 小、菜色比 BEER HALL LION 少、客層比 BEER HALL LION 年輕，不過下班後一個人也可以輕鬆進去喝兩杯，對壓力大的日本人來說很有存在的必要。

1. 美味的牛舌與豬肋排，看了立刻垂涎欲滴。（BEER HALL LION 提供）
2. 在 BEER HALL LION 網路可買到信州蕎麥麵。（BEER HALL LION 提供）
3. BEER HALL LION 七十七週年海報。
4. YEBISU BAR 深受年輕上班族歡迎。（BEER HALL LION 提供）
5. 對壓力大的日本人來說，很需要下班後可以輕鬆進去喝兩杯的場所。（BEER HALL LION 提供）

YOKU MOKU
北歐風格的幸福甜點屋

品牌魅力在哪裡？

- 長銷四十多年的經典原味
  雪茄蛋捲（CIGARE）。
- 創造和風副牌與引進法國
  甜點增添品牌多元性。
- 持續開發新商品。

＊ YOKU MOKU 南青山總店
電話：03-5485-3330
地址：東京都港區南青山 5-3-3

＊ WaBiSa 日本橋三越本店
電話：03-3241-3311
地址：東京都中央區日本橋室町 1-4-1 日本橋
　　　三越本店本館 B1

＊ HENRI LE LOUX
電話：03-3479-9291
地址：東京都港區赤坂 9-7-1 東京
　　　MIDTOWN GALLERIA B1

＊ 台北天母店
電話：0800-899-085、02-2873-2786
地址：台北市士林區天母忠誠路二段 170 號

吃甜點，對日本人來說是一種不可欠缺的生活習慣，充分顯示其民族性懂得在生活裡放進一點美好滋味；而送人甜點禮盒，則反映日本傳統文化注重人際間的禮尚往來，這兩種需求都促使日本的甜點產業發展極為成熟。市場上不僅歐美進口品牌眾多，本土開創的甜點品牌也分為傳統和風與經典洋風兩大領域，共同建構出百花齊放、多元精緻的產業面貌。由於選擇實在太多，甚至讓我覺得每隔幾個月去東京品嘗兩、三個品牌，即使幾年也享受不完。在造訪過許多和洋甜點屋後，YOKU MOKU 是讓我最初驚豔不已、至今仍覺得耐人尋味的優質品牌。

YOKU MOKU 南青山總店外觀具有時尚的灑脫感。（YOKU MOKU 提供）

溫暖人心風格的美味甜點 〜

近十年前我初次路過 YOKU MOKU 南青山總店時，就對它能夠挺立在國際時尚精品店齊聚的地區產生極大好奇。為了一睹店內的廬山真面目，立刻入內品嘗了一款半圓體的巧克力蛋糕，加上喜歡這裡的雅緻庭院，從此 YOKU MOKU 就成為我不時造訪的甜點店。南青山總店包含販賣門市、室內用餐區與戶外庭院座席，鮮藍色外牆配上幾何圖案的不鏽鋼門（此建築物曾於1980 年獲得第二十一屆建築業協會獎），營造出一種高級服飾店才有的優雅灑脫感，也因此過濾了容易吵雜的學生族群，客人以三四十世代的成熟男女為主，耶誕節或情人節時，就會有許多二三十世代的女性客人上門。天氣晴朗時坐在 YOKU MOKU 總店的庭院座位區，一邊聽著鳥叫、欣賞園內陳列的雅緻藝術品，一邊品嘗美味甜點，就是一種生活的小幸福。

❶ ❹
❷ ❸ ❺

1. 南青山總店的販賣門市。
2. 室內用餐區裝潢風格極為雅緻。
3. 這款名為「楓丹」的巧克力蛋糕，上頭是爽口的莓子
   味冰砂。（YOKU MOKU 提供）
4. 天氣晴朗時務必坐在戶外庭院裡。（YOKU MOKU 提供）
5. 舉辦 Party 時用的小點心組合包括慕絲、巧克力蛋糕、
   馬卡龍與蒙布朗等，實在賞心悅目。（YOKU MOKU 提供）

1. YOKU MOKU 創業人藤繩則一的銅像。

2. YOKU MOKU 原創的甜點宛如藝術品。（YOKU MOKU 提供）

3. YOKU MOKU 的甜點不僅賞心悅目，口味也一流。（YOKU MOKU 提供）

4. YOKU MOKU 進駐全國各百貨賣場的專櫃占營收大部分。（YOKU MOKU 提供）

5. YOKU MOKU 開發的各式甜點禮盒適合送禮。（YOKU MOKU 提供）

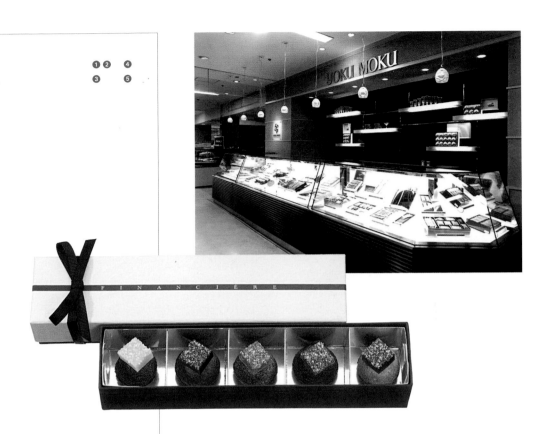

YOKU MOKU 的獨特名字,來自於瑞典北部天氣酷寒的小鎮
Jokkmokk,由於當地人的餐桌上總會擺著手工製的甜點,YOKU
MOKU 標榜旗下的甜點具有如此溫暖人心的風格。YOKU MOKU
創業人藤繩則一常前往歐洲的甜點屋取經,還曾說過「糕點是活
的生物,用真心去製作的話,它會以美味來回報」、「有不懂的
地方,就聽聽果子(點心)的聲音、常常回到原點」等經典名言,
這些話不但讓人充分了解創業人對點心的熱情,也著實反映出
YOKU MOKU 不同凡響之處。

1969 年成立的 YOKU MOKU,鑽研開發西式甜點在業界早已具
有崇高地位,也是日本人送禮(其中以婚禮贈品居多)的首選品
牌之一,進駐全國各百貨賣場開設約一百五十個專櫃,連東京
車站與羽田空港也設有分店,正因為許多日本人都喜愛買 YOKU
MOKU 的禮盒當伴手禮,我自己返台前也買過幾次送親朋好友。
YOKU MOKU 也受不少外國人喜愛,聽說杜拜駐日大使館特別鍾
情 YOKU MOKU。有年營業額一百四十多億日圓的財力作後盾,
對行有餘力的企業來說,開設一家美麗的形象店乃小事一椿。

❶❷ ❸
   ❹
   ❺

長年熱銷經典產品CIGARE ～

每個品牌都有長年熱銷的經典產品，代表 YOKU MOKU 的經典款，就是 1969 年創業即上市的雪茄蛋捲（CIGARE），每年生產量多達九千萬根，是支撐 YOKU MOKU 營業額的大功臣。這種雪茄蛋捲呈管狀中空的簡單造型，也沒有內餡，但纖細爽脆又潤滑濃郁的口感，是由於大量使用北海道天然奶油，再加上白糖、蛋、小麥粉與香草精，神奇地讓人百吃不厭。我也吃過日本其他甜點品牌的蛋捲，不過很奇怪就是沒有始祖 YOKU MOKU 的產品那麼芳香可口，有的太乾、有的又太甜膩。

YOKU MOKU 會研發出甜點界始祖級的雪茄蛋捲，是由於四十多年前的日本，市面上充斥著大量生產的便宜餅乾，即使戰後一片蕭條，創業人仍然一心想要以最好原料與做工，創造出保鮮期短且細緻的高價餅乾。本來一直苦無切入點，有天從一幅十七世紀法國畫裡的菸管狀西點得到靈感。最初先以手工做出既薄又脆的餅乾、再捲成菸管狀，不過想起來容易、實際做起來卻很困難，稍微一用力就碎掉，經過無數次失敗與試驗，終於調整出黃金比例，於是完美的 CIGARE 誕生了。

YOKU MOKU 走過最早手工製作的時期，為了增加產量，還花費十年時間研發專門製作雪茄蛋捲的機器，經過無數次的試驗，從 1981 年起正式推出機器製作的蛋捲，廣開銷路之餘，還

因此帶動業界模仿風潮。當時許多甜點店都擺出這種雪茄狀的西點販賣，許多好奇的人紛紛買來比較品嘗，結果發現還是 YOKU MOKU 做的最好吃，無形中為 YOKU MOKU 帶來宣傳，也為品牌增添了價值與人氣。

開發副牌、引進法國名牌與持續研發新商品 ～

YOKU MOKU 的各類西式點心有口皆碑，像蛋糕造型佳、口味優，一塊約五百多日圓，以日本物價來說也合理。YOKU MOKU 多年來一直以多品牌（MULTI-BRAND）策略發展來增添商品的多元性。基於懷舊與新嘗試，2004 年開發了 Wa·Bi·Sa 這個具和風韻味的副牌，比如手工製作的布丁、和式麻薯、茶點等。像手工布丁有抹茶、和三盆（甜味）與季節（如草莓）三種口味，每種我都嘗過，不但濃醇爽口且甜度適中，吃完還齒頰留香，與一般常見的布丁就是有些不同。

自行生產甜點之外，YOKU MOKU 同時也常將觸角伸向甜點大本營的歐洲觀摩，基於「甜點是創作」的相同理念，於 2007 年引進法國的高級名牌甜點 HENRI LE LOUX，

1. YOKU MOKU 的經典款是百吃不膩的蛋捲，每年生產多達九千萬根。（YOKU MOKU 提供）
2. 蛋捲（CIGARE）是 YOKU MOKU 創造出來的著名西點。
3. 四季彩也是 Wa·Bi·Sa 的強打商品。（YOKU MOKU 提供）
4. Wa·Bi·Sa 是 YOKU MOKU 的和風副牌。
5. YOKU MOKU 手工製作的布丁。（YOKU MOKU 提供）

①   ④⑥
②③   ⑤
    ⑦⑧

一系列商品包含焦糖（CARAMEL）、巧克力、西點與冰淇淋等，更加強化 YOKU MOKU 品牌的陣容，由於反應良好，目前在東京與大阪共有四家分店。這種一直前進的創造精神，使 YOKU MOKU 始終保持業界的不敗地位，也讓常客永保新鮮感。

YOKU MOKU 在研發甜點上不遺餘力，除了販賣蛋糕、西餅、巧克力、和果子等，每年還推出三十五種新商品，其中自然包括日本人最難以抗拒的季節（即時間）或數量限定商品，如果反應良好，也有可能變成常態性的商品。比如一種法國風味的奶油派（Mille-Feuille），外觀既美、味道也好，每年情人節時都會上市。還有像三年前推出的果凍飲料系列由於深獲好評，這幾年每逢夏天也都會再度上市，包含芒果、青葡萄、桃子、柳橙與櫻桃五種口味，內含新鮮果肉與果凍，是消暑的良方。

1. YOKU MOKU 引進法國高級名牌甜點 HENRI LE LOUX。（YOKU MOKU 提供）

2. 焦糖（CARAMEL）是 HENRI LE LOUX 的長紅商品。（YOKU MOKU 提供）

3. HENRI LE LOUX 巧克力味道醇厚。（YOKU MOKU 提供）

4. YOKU MOKU 的蒙布朗蛋糕口味甜而不膩。（YOKU MOKU 提供）

5. 蛋糕捲也是 YOKU MOKU 的經典商品。（YOKU MOKU 提供）

6. 草莓泡芙是高人氣商品。（YOKU MOKU 提供）

7. 日本人最難以抗拒季節性商品，如秋天的栗子餅乾。

8. 每年情人節 YOKU MOKU 都會上市的法國風味奶油派（Mille-Feuille）。

❶ ❺
❷
❸ ❹

1. 每年夏天都會上市的果凍飲料包含芒果、青葡萄、桃子、柳橙與櫻桃五種口味。（YOKU MOKU 提供）

2. YOKU MOKU 開發的餐點受上班族歡迎。（YOKU MOKU 提供）

3. 法式鹹餅（Galette）很適合當做午餐。（YOKU MOKU 提供）

4. 蔬菜湯由多種蔬菜熬煮，湯頭非常入味。（YOKU MOKU 提供）

5. YOKU MOKU 台北店的店舖設計完全比照日本。（YOKU MOKU 提供）

YOKU MOKU 自 2009 年還開發簡單餐點，如法式鹹餅（Galette）、蔬菜湯與沙拉等都很美味。我嘗過一款法式鹹餅，上頭擺滿菇類、火腿、蛋與蔬菜，既新鮮又份量足，當作午餐很合適。

繼出口美泰之後已飄洋過海來台北 ～

YOKU MOKU 由於製造經營甜點品質成果有目共睹，還替電視台、六本木之丘代工專屬甜點，這部分對 YOKU MOKU 的營業額與名聲皆有貢獻。

好東西自然就會被人注意，YOKU MOKU 的美味終於跨越國門。除了在美國（BERGDORF GOODMAN 等著名百貨公司）與泰國設立約五十家分店，也於2011 年 6 月由台灣企業正式代理，在天母開設分店。

YOKU MOKU 台北分店的 LOGO、店鋪陳列與日本完全相同，充分傳達來自日本的品牌形象。
原本 YOKU MOKU 的美麗餅乾鐵盒乃經過五次烤漆所製成，表面如日本漆器工藝般細緻，讓
很多客人喜歡收藏。台北分店更發揮良好的服務精神，特別為台灣製作專屬節慶幸福禮盒，不
僅選用充滿喜氣的紅色包裝以作為婚慶或彌月喜餅，還提供在禮盒印上專屬名字與祝賀文字的
客製化服務，更增添 YOKU MOKU 的吸引力，好奇的人從此不用赴日即可一饗美味。

❶　❷
　　❸

1. YOKU MOKU 台北店開設於日本人多的天母地區。（YOKU MOKU 提供）

2. YOKU MOKU 台北店內部裝潢優雅大方。（YOKU MOKU 提供）

3. YOKU MOKU 特別針對台灣市場設計的喜慶紅色包裝。（YOKU MOKU 提供）

Chapter **03**

反映時代趨勢品牌

消費者的心永遠不停止變化，高明的業者就要有本事不斷捕捉其需求起伏，本篇登場的四個品牌全部與時代趨勢變化密切相關，分屬不同業界的第一把交椅，了解它們就能確切掌握日本社會的整體脈動，讓自己的生活更充滿美好活力。

ENTER

ABC Cooking Studio

ainz & tulpe

KIDDY LAND

AEONPET

ABC Cooking Studio
用料理傳達愛的烹飪教室

品牌魅力在哪裡？

· 親手做料理的樂趣。
· 課程設計具有創新能力。
· 上課方式有彈性、學員享
　有專屬多項福利。

ABC Cooking Studio 三教室：

＊丸之內
電話：03-5220-3191
地址：東京都千代田丸之內區 3-1-1 國際大樓 B2

＊HERBIS OSAKA
電話：06-4797-3220
地址：大阪市北區梅田 2-2-22 HERBIS PLAZA 6F

＊JR 博多 CITY
電話：092-413-5341
地址：福岡市博多區博多車站中央街 1-1
　　　JR 博多 CITY 8F

別看日本餐飲業很發達，其實日本人的文化裡本就有在家吃飯的傳統，這點看日劇就知道。餐餐外食的話，除了傷荷包又難以兼顧健康，飲食與擁有美好生活實在關係密切。尤其每次在日本的書店，看到非常多美味可口的食譜與料理書籍，社區裡也有一些烹飪教室，都反映出日本人很注重飲食生活。這裡登場的 ABC Cooking Studio，正是普及全國的連鎖烹飪教室，也是業界的一個代表性品牌。

ABC Cooking Studio 是普及全國的連鎖烹飪教室。（ABC Cooking Studio 提供）

❶ ❸
❷

傳達食生活的重要與親手做的樂趣 ～

回憶最早注意到 ABC Cooking Studio，是五年前到豐洲 Lalaport 購物中心時偶然發現，由於其 Logo 設計充滿現代感、內部空間又很明亮引人，讓我忍不住駐足觀看一番。最初我還以為 ABC Cooking Studio 是外商企業，上網一查，才知道這個本土品牌已發展良久。

成立於 1985 年的 ABC Cooking Studio，一開始只是靜岡縣一間普通的烹飪教室，社長橫井啟之曾銷售高級進口餐具多年。透過口碑相傳與不少雜誌報導的推波助瀾，ABC Cooking Studio 從 1999 年起大幅成長，如今發展到全國共有近一百二十間教室，年營業額達一百多億日圓。目前公司共有三千四百多位指導老師，學員總數約六十萬人，其中常來上課者約二十五萬人，以二十後半至三十前半的女性為主，其中想要做菜給家人吃的已婚女性約佔四成。ABC Cooking Studio 這個教學組織即使性質與一般企業不太一樣，不過達到如此規模已不遜於一個大型企業。

一些產業或店舖在社會興起，有時候只形成兩三年盛極至衰的短暫風潮，不過如果成為社會常態，就足以反映當地人民的需求。ABC Cooking Studio 公關表示社長希望傳達食生活的重要與親手做的樂趣，並展開與飲食有關的服務。倡導即使擁有高級食材與一流廚師的手藝，如果沒有一種為某個人著想的心情與熱情來做菜，餐桌上也不會充滿笑容。根據 ABC Cooking Studio 調查，學員裡有八成是因為對烹飪有興趣，這才是長久的學習原動力。看 ABC Cooking Studio 這種擋不住的成長力道，我納悶台灣怎麼都沒有這個現象？可見兩地的女性在心理需求上大不相同。

1. ABC Cooking Studio 的 Logo 設計充滿現代感。（ABC Cooking Studio 提供）
2. ABC Cooking Studio 在全日本共有約一百二十間教室。（ABC Cooking Studio 提供）
3. ABC Cooking Studio 學員裡有八成對烹飪有興趣，促成長久學習的原動力。

課程設計創新、上課方式有彈性 ～

ABC Cooking Studio 的課程分為料理、麵包與甜點三大類，所開發 Menu 乃經由企劃人員與烹飪老師共同構思後，再開會並進行試驗，篩選掉執行比較困難的一部分，最後列為授課內容者皆適合平日製作。料理內容每個月都有變化，麵包與甜點則每一、二兩年修改一次，ABC Cooking Studio 至今已教授三千種料理、一百二十種麵包與七十種甜點，在課程設計上可說相當具有創新能力，也是樹立 ABC Cooking Studio 不墜招牌的堅強實力。

只要繳交入會費與學費、課程簽約完畢，會員皆可進入 ABC Cooking Studio 的

課程專屬網頁，自由閱覽各種料理、麵包與甜點的食譜。不少人課後疏於練習，常會忘記授課內容，有了這個網頁，何時想複習非常方便。一般人也可在 ABC Cooking Studio 網站看到一些示範食譜，每種看來都非常可口，讓我很想全部學會。

ABC Cooking Studio 的上課方式相當有彈性，學員可自行選擇全國任何一間教室，而且每週五整天都有開課。受理上課預約的期限為一個月，最慢在上課的前一天（六、日不算）下午五點前用手機或電腦預約即可，同一課程在一個月內只能預約三次（上完第一次即可再預約下一次），對忙碌者來說不會有浪費學費的問題。而且 ABC Cooking Studio 會準備好所需食材與講義，學員只要記得帶圍裙、拖鞋與擦拭毛巾來，專心聽講就好。

上課時每桌（可容納五位學員）搭配一位老師，初學者有任何不懂的地方，都能夠直接輕鬆發問。由於每個時段預約前來的學生人數不定，有時某個時段學生來了十多人，有時也會剛好碰到一位學生配一位老師的情況。另外考量到人與人之

❶❷　❹❺❻
❸

1. ABC Cooking Studio 至今已教授三千種料理。（ABC Cooking Studio 提供）
2. ABC Cooking Studio 課程製作的麵包品質極具專業水準。（ABC Cooking Studio 提供）
3. ABC Cooking Studio 的甜點課程非常受女性歡迎。（ABC Cooking Studio 提供）
4. ABC Cooking Studio 教授的韓國料理，不僅賣相佳、口味又道地。（ABC Cooking Studio 提供）
5. 橘子奶油麵包做得就像麵包店剛出爐的樣子。（ABC Cooking Studio 提供）
6. 若做得出這樣的蛋糕，可以準備去開業了！（ABC Cooking Studio 提供）

間投緣與否會影響學習成效，學員可以任選自己喜歡的老師。種種靈活的管理原則，相信是
ABC Cooking Studio 獲得人氣且能夠日漸茁壯的因素之一。

當然相對地學員也必須遵守 ABC Cooking Studio 的規定，想要變更或取消預約的話，必須在
前一天的正午之前，還有當天上課遲到超過十分鐘的話，兩者都要扣一千日圓手續費。另外長
髮者必須將頭髮綁起來；戒指、手環與手錶等必須取下；擦指甲油者與指甲長的人必須戴上教
室備有的手套。

1. ABC Cooking Studio 的上課方式相當有彈性。（ABC Cooking Studio 提供）
2. 料理課程最受歡迎，看這道糖醋排骨多麼可口。（ABC Cooking Studio 提供）

❶　❷

學費合理、出路各憑本事 ～

至於學費方面，首先必須繳交入會費一萬兩千六百日圓，報名料理、麵包或甜點類課程再另外收費。以最受歡迎的料理課程來說，上課分為六、十二、二十四與三十六次四種長度，有效期限分別為六、十二、二十四與三十六個月。六次為兩萬七千七百二十日圓、十二次為五萬四千一百八十日圓；也有一個月一次的課程選擇，價格是四千六百二十日圓（日本物價約為台灣的二點五倍，所以這個價位算公道）。麵包與甜點課程設計稍有不同，價位差異不大。若同時報名二兩種課程以上者，可享有一些折扣，有效期限也可延長。

如果不確定是否喜歡課程內容與進行方式，ABC Cooking Studio 也規劃了一些單次的一日課程（不需繳入會費），方便有興趣者體驗了解以便決定是否報名，依報名料理、麵包或甜點課程，費用從四千至七千日圓。

ABC Cooking Studio 還規劃一項可取得執照的考試，在完成基礎與進階的料理、麵包或甜點課程之後，只要繳交十五萬七千五百日圓，除了可自由下載所上課程的食譜（會員只能閱覽，無法下載）以外，若實務操作與筆試合格，ABC Cooking Studio 即頒發專業證書與盾牌。目前已有八萬人取得這項執照，大部分人純粹只為了解自身程度，也有少數人學成以後去開麵包店、餐廳或烹飪教室，ABC Cooking Studio 也歡迎這些人直接沿用上課時所教授的菜單，展現出一個大品牌的氣度。

置身於 ABC Cooking Studio 裡，真的充分感受到大家認真學習的熱情，而且氣氛非常輕鬆，哪個步驟弄錯再重新做一遍就好，反正來到這個空間就放開胸懷學習。有不少學員鑽研出良好手藝，加上喜愛 ABC Cooking Studio，後來還成為 ABC Cooking Studio 的老師。

❶ ❷ ❸ 　 ❺ ❻
❹

1、2、3. 一日課程也分料理、麵包與甜點三種課程。（ABC Cooking Studio 提供）
4. 若實務操作與筆試合格，ABC Cooking Studio 即頒發專業證書與盾牌。（ABC Cooking Studio 提供）
5. 小朋友上課時穿上一整套的廚師制服。（ABC Cooking Studio 提供）
6. 小朋友的炒菜架式與認真神情完全不遜於大人。（ABC Cooking Studio 提供）

品牌經營成長得更多元化 ～

ABC Cooking Studio 除了穩定成長的女性學員班級，2005 年進而開設四歲到小學三年級的兒童烹飪班（屬於綜合性質，不另分料理、麵包或甜點班）。兒童學員裡有三成是看母親學得有趣，才跟著來上兒童班，不過也有不少小朋友是單獨前來上課。如果不確定孩子是否能夠好好上課，可以先試試一次兩千五百日圓的體驗課程，有把握再報名。參加兒童烹飪班一樣要繳交入會費一萬兩千六百日圓，一個月兩次的課程收費五千零四十日圓、十二次課程收費三萬零兩百四十圓（有效期限為十二個月）。

有一個出現在 ABC Cooking Studio 公司目錄的小男孩，五歲時就跟媽媽要求上烹飪班，到現在已八歲仍持續在學習，這麼小就找到志向，未來一定很有希望成為大廚師。

由於迴響熱烈，2007 年又規劃男性也可參加的 +m 料理班（無麵包與甜點班，學費與上大段敘述相同），上課時除了授課老師以外，教室內還備有可仔細觀看的 Monitor。為了激發男性創作料理的熱情，此課程還準備飲料與酒類，讓男學員品嘗自己做的料理時飲用。至今約招收一千六百多位男學員，ABC Cooking Studio 整體經營可說變得更為多元化。

目前 ABC Cooking Studio 已跨出日本國界，朝向國際性品牌發展，現在上海已經成立兩間教室，也許不久的將來，台灣也可見到 ABC Cooking Studio 的招牌。

①②③　⑥⑦⑧
④⑤　　⑨⑩

學員享有專屬的多項福利 〜

為了抓住學員的心，ABC Cooking Studio 也不免要建立一連串的福利措施，像學員入會當下，即可獲得五百點、上課一次獲得十點；如果介紹朋友來上課，一次可獲得兩百點，朋友若正式入會則可獲得兩千點，這些點數往後都可當作現金使用。

ABC Cooking Studio 成立一個 ABC Cooking MARKET 網站，從食材、烹飪用具或餐具等，學員都可以自由選購，省去到處奔波採買的麻煩，購買五千日圓以上商品，就不需要運費。由於與一些廠商固定合作，有些商品只有這個網站有賣，而且針對 ABC Cooking Studio 會員也有價格上的優惠。

ABC Cooking Studio 還在銀座開設 ABC Lounge，學員憑會員證就可入內休憩，可自行攜帶食物或飲料入內；ABC Cooking Studio 也直營一間 cafe，型態與一般咖啡廳差不多。另外 ABC Cooking Studio 還與餐廳、健身中心、海外旅館結盟，會員前往消費時會有最多五折的折扣。

採訪那天，ABC Cooking Studio 特別安排一位老師親自教我做漢堡，完成後當場品嚐，味道的確不是蓋的，如今這道料理也變成我的拿手菜。對料理有興趣又會日語的人，下次到日本，不妨打電話給 ABC Cooking Studio 報名一日課程，親身體驗一下這個品牌的魅力。

1. 針對小朋友設計的烏龜麵包製作課程。（ABC Cooking Studio 提供）
2. 小朋友看了就很想學習的雪人蛋糕捲。（ABC Cooking Studio 提供）
3. 這個小男孩已連續上課多年，將來很可能成為手藝絕佳的大廚師。（ABC Cooking Studio 提供）
4. 男性也可參加的 +m 料理班。（ABC Cooking Studio 提供）
5. 受男性學員歡迎的和風料理課程。（ABC Cooking Studio 提供）
6. 在 ABC Cooking Studio 也可學到道地的俄羅斯菜。（ABC Cooking Studio 提供）
7. Kids 菇屋甜點真可愛。（ABC Cooking Studio 提供）
8. ABC 食譜書。（ABC Cooking Studio 提供）
9. 在 ABC Cooking MARKET 網站可買到製作蛋糕及麵包的用具。（ABC Cooking Studio 提供）
10. 在 ABC Cooking Studio 現學現做的漢堡，變成我的拿手菜。

ainz & tulpe
美麗與健康的活力補給站

品牌魅力在哪裡？

- 商品新陳代謝速度快，讓客人常有新發現。
- 推出熱銷前五名的商品排行榜，作為購買參考。
- 與美容月刊長期合作，持續與目標族群進行溝通。

＊ ainz & tulpe 原宿店
電話：03-5775-0561
地址：東京都澀谷區神宮前 1-13-14
原宿 QUEST BUILDING 1F & B1

＊ ainz & tulpe 東京車站店
電話：03-3212-5280
地址：東京都千代田區丸之內 1-9-1
東京車站一番街 1F

＊ ainz & tulpe 池袋西武店
電話：03-5949-2745
地址：東京都豐島區南池袋 1-28-1
西武池袋本店（南 ZONE ）B1~2F

＊ cosmetic tulpe ecute 立川店
電話：042-527-6166
地址：東京都立川市柴崎町 3-1-1ecute 立川 3F

＊ ainz 草加店
電話：048-922-8170
地址：埼玉縣草加市中央 1 丁目 6 番地
Mall Plaza 內

在日本這個購物天堂逛街，向來是非常愉快的一件事，但日本物價（非匯率）約是台灣的二點五倍，如果不逢換季折扣期間、又想買好東西，衝動購物之後接下來可能就得縮衣節食。不過有一種店，不但是建構美麗健康生活的必需補給站，消費起來也沒有太大壓力，那就是每天去逛也不厭倦的藥妝店！日本藥妝店發展歷史悠久，除了業界的開山祖師品牌松本清以外，其實也有不少同業也經營得相當有特色，像 ainz & tulpe 就是我多年前在原宿偶遇的優質品牌，在逛得不亦樂乎之後，從此如強烈磁石般成為我最愛的藥妝店。

ainz & tulpe 是來自北海道的高質感藥妝品牌。（ainz & tulpe 提供）

來自北海道的高質感品牌～

ainz&tulpe 母公司 AIN GROUP 來自北海道札幌市，主要事業體 ain 藥局於 1969 年即成立，在全國共有約四百七十間分店。後來為了與 ain 藥局區隔，而在 2002 年設立的 ainz & tulpe 藥妝店，目前在日本各地共開設五十多家分店，年營業額約一百三十億日圓，只佔 AIN GROUP 全體事業的百分之十。ainz&tulpe 不以大量擴展店舖、價格折扣戰為目標，店舖總數雖然不多，但大都集中在都會區的車站附近或商場大樓內，營造出品牌的高雅質感。

ainz & tulpe 的品牌名稱取自德語，ainz 是一，表示一切的開始、最之意，成為客人最信賴、All in One（一次購足）Shop；tulpe 是鬱金香之意，期許像鬱金香般成為任何人都知道且喜歡親近的店舖。ainz & tulpe 以美麗與健康（這兩大類商品各占整體四成）為經營理念，目標族群鎖定二十後半到三十後半的女性，整體來客有八成是女性。有一次我刻意在 ainz & tulpe 的原宿店外面觀察半小時，發現差不多每隔三、五分鐘就有女客人進入，也很少人空手出來。

ainz & tulpe 店舖營造的風格高雅清新，入口處不像其他藥妝店會擺著一籃藍特價商品，而且內部空間的走道寬敞，不似一般藥妝店那麼擁擠，逛起來真的很舒服。在 ainz & tulpe 往往可以找到其他藥妝店所沒看過的商品，即使價格稍微貴點也值得，重要的是商品本身有特色，而對商品有任何不了解之處，也可以立刻詢問店員的專業意見。

❶ ❷
❸

1. 在 ainz & tulpe，可以一次購足所需商品。（ainz & tulpe 提供）
2. 以美麗與健康為經營理念的 ainz & tulpe，來客有八成為女性。（ainz & tulpe 提供）
3. ainz & tulpe 店舖風格高雅清新、走道寬敞，逛起來很舒服。（ainz & tulpe 提供）

解讀趨勢再滿足客人需求的商品採購力 ～

ainz & tulpe 的商品陣容至少在一萬種以上，可說從頭到腳都找得到相關產品，身體的每個部位都可以成立一個專區，尤其臉部的化妝保養品占最多，藥品則占一成多。許多人原本都是抱著進去看一下就好的心態，結果一進去就淪陷！因為店裡新名堂實在太多，比如可瘦臉頰的按摩器、消腿腫貼布等，讓人充分享受無盡挖寶的樂趣，而且好像都很實用、價格比起服飾配件也不算貴，不知不覺就買了一大堆。

ainz & tulpe 還規劃出沙龍用品區，方便美容業從業人員採購專業用品；而台灣少見的男性用品區，讓愛美的男客人不須再勉強去買女生用的產品；另外還設有韓國美妝區，可見韓流的影響力還不只限演藝圈。

能夠長期讓常客不斷上門，採購扮演的角色相當重要，ainz & tulpe 商品部有五位悍將，透過自身實體店舖與網路商店進行市場調查，隨時保持敏銳觸角解讀趨勢再找出廠商，除了要強力引進流行的商品，也挖掘未來可能流行或長紅的潛力商品，以滿足客人胃口。ainz & tulpe 採

1. 逛藥妝店的樂趣之一，就是發現各種新上市商品。
2. 店裡的韓國美妝區，讓人見識到韓流的勢力。
3. ainz & tulpe 的沙龍用品區，方便美容業從業人員採購專業用品。
4. 男客人到了 ainz & tulpe，有整合好的商品等著。
5. 以賣場的吸引力來說，廠商是否提供促銷道具與試用樣品相當重要。
6. ainz & tulpe 的商品新陳代謝速度極快，新商品往往以包裝或數量限定作為賣點。

購時除了商品品質好、廠商牢靠、價格等因素以外，廠商是否提供豐富促銷道具、數量多的試用樣品與電視雜誌是否常報導等，也是採購人員判斷的重要基準。當然 ainz & tulpe 也會自行製作相關的廣告宣傳文稿與物品，以強化賣場的情報發信力。

我每次去日本，一定會去逛店內氣氛宜人的 ainz & tulpe，而且有個戒不了的習慣，就是要找幾樣新上市的產品來試試。從幾年前的黑炭洗髮精、豆腐洗面乳、納豆面膜等標榜天然、有機的產品，到至今已長紅很久的 PITERA 成份產品，不但滿足大眾的需求，使用起來也很溫潤舒服，拿去送朋友更是大受歡迎的搶手貨呢！如果台灣有 ainz & tulpe，我一定天天進去兜一圈，因為這座大寶庫的商品新陳代謝速度極快，永遠讓我有新發現，也為生活多製造一些樂趣。

❶❷　❸❹
❺❻

三種店舖每天進新貨與每週更新排行榜～

為因應不同商圈的客層需求，ainz & tulpe 目前店舖發展出三種型態，最早出現的 ainz & tulpe 都市店已有三十多家，多設於車站附近或服飾賣場，主要販賣年輕女性喜愛的化妝保養用品，還有一部分藥品、健康食品、文具、內衣物與包包等，例如我最常去的原宿店、東京車站店、自由之丘店、池袋西武店、下北澤店；另一種較小型的 cosmetic tulpe 都市店以化妝品與雜貨（不販賣藥品）為主，這類店舖數量最少，如立川店、二子玉川店、港北東急店。而最大型的 ainz Cosmetic & Drug 郊外店有二十家，多設於佔地寬廣的住宅區，販賣美妝用品、藥品以外，還有洗潔用品、紙類品、嬰兒用品、寵物食品等與日常生活有關的各種商品，應有盡有，如北海道札幌福住店、埼玉縣草加店。

為了滿足客人喜歡嘗新的心理，ainz & tulpe 每年從製造商或批發商進貨，在春夏與秋冬各大規模更換一次季節性商品，每天也會進一些新商品。而且 ainz &

❶ **❷**
❸

1. 較小型的 cosmetic tulpe 都市店，以化妝品與雜貨為主。（ainz & tulpe 提供）

2. 郊外店多設於佔地寬廣的住宅區，商品與日常生活相關，應有盡有。（ainz & tulpe 提供）

3. ainz & tulpe 除了化妝保養用品，還販賣一部分藥品。

tulpe 會將最新流行商品做特殊陳列，在店內環繞一次一定可以找到。且為了讓消費者了解商品人氣狀況，ainz & tulpe 從 2008 年起每週會推出熱銷前五名的商品排行榜，這對於有些不知買什麼商品好的客人來說，是一項相當實用的參考指標。

由於平日喜歡觀察日本與台灣兩地的異同，開心地在 ainz & tulpe 購物之餘，我研究起藥妝店與日本社會之間的關係，再反觀類似情況是否會在台灣出現。我發現兩地女性的化妝保養習慣的確有所差異，像日本年輕女孩愛擦睫毛膏，還有日本上班族相當重視牙齒美白，相關商品的銷售一直非常旺，不過在台灣並沒有這樣的盛況。有趣的則是有些我買過的商品，有時過了幾個禮拜或幾個月，就會在台灣的藥妝店裡出現，證明日本在帶領商品潮流的能力真不是蓋的。

❶　　❹❺
❷❸

1. ainz&tulpe 每週會推出熱銷前五名的商品排行榜。
2. 日本女性愛刷睫毛膏。
3. 刷睫毛膏還不夠的話，就戴假睫毛吧！
4. 日本上班族相當重視牙齒美白，這類商品的銷售非常旺。
5. 壓力大的日本人愛用去疲勞用品。

❶ ❷　　❸ ❹

❺

與月刊長期合作詳細介紹新商品 ～

ainz & tulpe 了解媒體效應的影響力,特別與 bea's up 美容雜誌(書店有售)長期合作,每期詳細介紹長銷人氣商品與新登場商品,持續與目標族群進行溝通,這對於鞏固客人的忠誠度大有助益。

bea's up 月刊會訪問封面出現女星(如吉高由里子、深田恭子、濱崎步等)的保養祕訣,內容以介紹化妝品、保養品為主,每期企劃各種實用的美容保養報導,主題例如防止紫外線對策、保溼的禁忌、治療季節性青春痘、推薦的美麗髮型集錦、打好粉底 lesson 等,對於想變美的客人來說充滿吸引力。由於鉅細靡遺的文章巧妙地穿插粉底、唇膏、眼影、指甲油、洗髮精、染髮劑等商品情報,讓人看來不會覺得只是推銷商品的目錄,可說是一本層次頗高的雜誌。這本滿載美容祕方與商品情報的月刊,很受日本年輕女性歡迎,可在一般書店買到,售價一本五百八十日圓。

目前台灣的藥妝店愈開愈多,也有日本大品牌進來,顯見國人這方面的需求日益增加,未來市場肯定會更有看頭。有空到日本旅遊時,可以順便前往 ainz&tulpe 看看,絕對不會令人失望。

1. ainz & tulpe 與 bea's up 美容雜誌合作。(ainz & tulpe 提供)
2. 追求美麗是女性的本能。
3. 希望擁有寶寶般的嫩唇,就買這款商品。
4. 日本的美髮用品選擇非常多。
5. ain 藥局是 ainz&tulpe 的母公司。(ainz & tulpe 提供)

ain 藥局

可說是 ainz&tulpe 母體的 ain 藥局，從其琳琅滿目的藥品，就可知日本實在非常注意個人身體保健，像國人最喜歡買的腸胃藥實在很多，那是因為日本社會令人高度緊張，自然促使這個產業異常發達。

店內藥劑師針對每個客人詢問，提供豐富的專業知識、適切活絡的諮詢服務，成為集客的一大吸引力。就像個親切有禮的好鄰居一般，長久以來與消費者建立了互相信賴的關係。

在急速變化的二十一世紀，日本醫療事業仍充滿許多有待大家面對解決的問題，如有關醫療改革、看護照顧、社會高齡化、少子化等，日本由於醫院與配藥分家、且保健法修正使病患上醫院的費用增加之故，自行上藥局買藥顯然比較便宜，藥局在日本的存在非常重要，只要能夠成為競爭激烈的市場裡「被信賴的藥局」，以連鎖體系快速深入社區，深耕鎖定的目標族群，對地域性醫療真的有很大貢獻，ain 藥局在這方面的確值得我們學習。

＊ ain 藥局西新宿店

會開立東京醫科大學的處方，營業額在全國分店數一數二。

電話：03-5323-4333
地址：東京都新宿區西新宿 6-5-1 新宿 Island Tower 西棟

KIDDY LAND
用夢想與遊樂建構的綜合文化天地

品牌魅力在哪裡？

· 人氣肖像商品的大本營。

· 每月上市數千種新商品。

· 買得到話題性商品。

KIDDY LAND 三店舖：

＊原宿店
電話：03-3409-3431
地址：東京都涉谷區神宮前 6-1-9

＊吉祥寺店
電話：0422-29-2150
地址：東京都武藏野市吉祥寺本町 1-11-5
coppice 吉祥寺 6F A 棟 CHARA PARK

＊福岡 PARCO 店
電話：092-235-7290
地址：福岡縣福岡市中央區天神 2-11-1
福岡 PARCO8F

日本是個高度壓力的社會，想要擁有美好生活，適時適度前往各類賣場消費，對日本人來說是很必要的一件事，這點從全國各種五花八門的大小商場即可得知。每次到日本出差，在繁忙的工作之餘，我很喜歡抽空去選購一些有趣的雜貨與小玩意，這對我來說，很具有一種消除壓力的效果。只要到網羅各種可愛虛擬角色商品的 KIDDY LAND，就永遠會有新發現，此處實在是一個令人開心的歡樂世界。

KIDDY LAND 是一個令人開心的歡樂世界。
（KIDDY LAND 提供）

齊聚人氣肖像商品的強勢通路 ～

1946 年創立的 KIDDY LAND，品牌概念結合 Kind（親切待客）、Information（情報發信）、Dream（提供夢的賣場）、Demand（充實客人需要的商品）與YESYes（笑臉回應）五個英文字，六十多年來始終貫徹這樣的信念，所以版圖愈來愈大，如今全國有七十多家店舖（其中包括約三分之一加盟店），每年創造一百多億日圓的營業額。

KIDDY LAND 是一個通路品牌（與一般零售品牌連鎖店會自行生產製造不同），集結各種超人氣的可愛肖像（Character）商品，只要採購的主題商品吸引力夠，KIDDY LAND 就財源滾滾而來。

KIDDY LAND 多年來見證過許多肖像物由盛到衰的起伏，萬年不敗、全球通吃的肖像物是史奴比（SNOOPY）、米奇米妮（Mickey Mouse&Minnie Mouse）、凱

© 2013 Peanuts

© Disney

蒂貓（Hello Kitty），現在最紅的肖像物則是於 2003 年誕生、如今依然搶手的拉拉熊（Rilakkuma）。不知道零售界的下一個天王肖像物會是什麼樣子？不過無論時代怎麼轉變，長紅肖像物除了外型可愛，必須具備能夠療癒人心的特質，才能夠撫慰忙碌現代人的寂寞與疲憊，當然符合時代趨勢與運氣也很重要。

1. KIDDY LAND 是一個通路品牌，集結各種超人氣的可愛肖像商品。（KIDDY LAND 提供）　　　　　
2. 全世界最紅的狗非史奴比莫屬。
3. 米奇米妮是迪士尼創造的肖像物。（KIDDY LAND 提供）
4. Hello Kitty 穿上和服變得很典雅。（KIDDY LAND 提供）
5. 拉拉熊是現在非常紅的天王級肖像物。

原宿店與吉祥寺店為代表店舖 ～

1950 年開設的原宿店，不僅是 KIDDY LAND 的第一家店舖，也是商品最齊全、整棟型的旗艦店，在原宿地區是海內外眾多遊客必逛的重要地標。有鑑於建築物顯得老舊，2011 年 KIDDY LAND 大刀闊斧將原宿店全部夷平重建，於 2012 年 7 月盛大開幕，除了持續打造最嶄新齊全的肖像物商品世界，並以更具時尚感的外觀重新迎接客人。

以 KIDDY LAND 原宿店來說，從地下一樓到四樓包含人氣肖像品牌的獨立店中店與眾多二線肖像物集結樓層兩大類別，前者包括拉拉熊、史奴比、凱蒂貓（以上三店舖為營業額前三大角色）、米奇米妮（為一個專櫃）、米飛兔（miffy）、TOMICA、地鼠（kapi-bara-san）等，後者有宮崎駿的吉卜力、姆米（Moomin）、大眼猴（Monchhichi）等，也不時會有一些新誕生的肖像物登場，如果反應好，就有可能變成獨立店。

© 1976, 2012 SANRIO CO.,LTD.

© Disney

© Mercis bv

1. 原宿店是 KIDDY LAND 的第一家店舖,也是商品最齊全的旗艦店。(KIDDY LAND 提供)

2. 這麼大的拉拉熊玩偶,只有 KIDDY LAND 原宿店才有。(KIDDY LAND 提供)

3. 選一個自己姓氏拼音的專屬杯子吧!

4. Hello Kitty 也是台灣人非常熱愛的肖像物。(KIDDY LAND 提供)

5. 米奇米妮專櫃商品琳琅滿目。(KIDDY LAND 提供)

6. 米飛兔具有癒療人心的魅力。

© SEKIGUCHI

© 2013 Peanuts

© 2013 Peanuts

1. 大眼猴愈看愈覺得可愛。（KIDDY LAND 提供）

2. 史奴比在世界各國都有粉絲。

3. SNOOPY TOWN Shop 的史奴比商品種類多不勝數。

4. 拉拉熊店舖是以「Happy life with Rilakkuma」為概念成立。（KIDDY LAND 提供）

5. 拉拉熊的慵懶魅力無法擋。

6. 原宿店 K-spot 樓層，配合不同節慶或活動販賣具話題性的商品，天真浪漫的黃髮森林妖精
   Amalka 是新近人氣高的肖像物。（KIDDY LAND 提供）

| ❶ | ❷ | | ❹ |
| ❸ | | ❺ | ❻ |

以史奴比店舖（SNOOPY TOWN Shop）來說，佔地六十五坪、商品約有三千五百項，每種都可愛到令人看了不斷放進採購籃裡，將史奴比（1950 年於美國誕生、作品紅遍全球七十五國、發行二十一種語文版）的魅力展現無遺，當初創造出這個漫畫角色的主人也始料未及吧！而以拉拉熊店舖（Rilakkuma store）來說，是以「Happy life with Rilakkuma」為概念成立，透過各種可愛商品來癒療現代人的心靈，佔地三十坪、商品約有三千項，許多商品都讓人愛不釋手。

© 1976, 2012 SANRIO CO.,LTD.

Happy life with Rilakkuma!

© 2013 SAN-X CO., LTD. ALL RIGHTS RESERVED.

カピバラ

© TRYWORKS

©2013 Hasbro.

1. 日本的凱蒂貓商品，有許多在台灣買不到。（KIDDY LAND 提供）　❶❷　❼❽
2. 拉拉熊的頭型螢幕實在太可愛。　❸❹
3. kapi-bara-san 以一種地鼠為設計雛形。　❺❻
4. Blythe 娃娃在吉祥寺店也設有專櫃。（KIDDY LAND 提供）
5. 從繪本起家的米飛兔，在日本大受歡迎。
6. 小男生最愛的 TOMICA。
7. 可換穿衣物的 Girly Bears，是現在的熱賣商品。（KIDDY LAND 提供）
8. KIDDY LAND 的魅力無遠弗屆，名聲響徹海外。（KIDDY LAND 提供）

© Mercis bv

© TOMY

KIDDY LAND 原宿店現在還設有一個 K-spot 樓層，配合不同節慶或活動，以每月或每季變更販賣具話題性的商品，比如紅遍世界的電影蝙蝠俠相關商品。由於原宿店商品實在太多元豐富，如果想看遍每樣商品，大概得花個一天，在現場更常聽到中學生或 OL 頻喊可愛的讚美聲。

以 KIDDY LAND 吉祥寺店來說，與原宿店的定位不同，這座肖像物公園（Character Park）位於商場的樓層中，內部包含史奴比、凱蒂貓、拉拉熊、米飛兔、TOMICA、kapi-bara-san、Blythe 娃娃等專櫃，面積比原宿店小，就像是原宿店的縮小版，不過真要逛得仔細，也要花上幾個小時。另外在九州福岡 PARCO 也設有一家像吉祥寺店般的肖像物公園。

© GIRLY BEARS PROJECT

© T-ARTS / syn Sophia / TV 東京 / PRD 製作委員會

可愛商品連各國皇族明星也愛 ～

在 KIDDY LAND 店裡，大概可看到一萬五千種商品，九成五是從三百家廠商採購而來，其餘為自行開發設計。論最便宜的商品是一支六十日圓的鉛筆，最貴的當屬古董級的芭比娃娃，每個月約有六、七千種新商品上市，充分滿足客人喜歡嘗新的心態。主要目標族群是二十到三十五歲的女性，這讓我頗為意外，本來我還一直以為是中小學生居多。

KIDDY LAND 的魅力無遠弗屆，名聲還響徹至海外，包括瑞典國王、泰國公主、巴西總統夫人、英國首相夫人都造訪過原宿店。其他世界級名人還有瑪丹娜、麥可傑克森、強尼戴普、布萊德彼特、李察吉爾、哈里遜福特、妮可基嫚、艾迪莫菲與茱莉亞羅勃茲等，反正具有童心的人到 KIDDY LAND，都會逛得很開心。

每次在 KIDDY LAND，不知不覺就會買上一大堆，這些商品品質優良又具設計感，
除了自己收藏以外，拿來送朋友也很合適。回想起我多次在 KIDDY LAND 的消費
經驗都很愉快，在我的抽屜裡，有大學時代暑假在東京原宿店所買的史奴比鉛筆
袋、小錢包等，當時台灣沒有 KIDDY LAND 這樣的專門店，除了逛得超開心，
對於不容易買到的商品，至今還珍藏著。還有幾年前我第一次在東京看到拉拉熊
時，起初也沒有什麼特別感覺，可是後來不知不覺就喜歡上這隻慵懶熊獨有的無
辜表情，生活裡使用著幾樣拉拉熊的商品如碗盤、耳機、原子筆等，讓我看了就
覺得心情格外輕鬆。

長期保持人氣的成功採購之道 ～

走過六十多年歲月，KIDDY LAND 能夠一直受到顧客歡迎，且以不斷成長傲視於
同業，可說完全得力於卓越的採購能力。

KIDDY LAND 雖然是通路，不過並非像百貨賣場如大房東般招商、提供各品牌販
賣空間就好。進駐 KIDDY LAND 的各人氣肖像物商品並非由業者、廠商方面鋪
貨，而是由 KIDDY LAND 考慮時代趨勢與流行性，再根據不同地區客層與商圈屬
性採購配貨。基本上由分店各自向眾多製造商與批發商下訂單，部分由總部整合
支援，才能盡量減低庫存，即降低成本損失（KIDDY LAND 為了樹立品牌形象，
全年不打折扣，庫存商品全部銷毀）。

正因為如此，KIDDY LAND 不但能夠融洽整合眾多人氣肖像物，不會發生獨厚哪個「搖錢樹」的情況，而且如此精準地鎖定目標族群來經營管理商品，當然受惠的就是消費者。

下次到原宿時，別只顧著看時尚商品，到 KIDDY LAND 也能夠滿載而歸喔！

①②　③④
⑤⑥

1. KIDDY LAND 原宿店的往昔面貌。（KIDDY LAND 提供）
2. KIDDY LAND 能夠長期受到顧客歡迎並傲視同業，完全得力於卓越的採購能力。
3. 拉拉熊收銀台。
4. 這台機器可以製作印有人名的拉拉熊貼紙。
5. KIDDY LAND 整合眾多人氣肖像物。
6. KIDDY LAND 商品全年不打折。（KIDDY LAND 提供）

AEONPET
創造寵物快樂生活的樂園

品牌魅力在哪裡？

· 大型旗艦店舖營造出讓寵物過得幸福的氛圍，讓飼主不由自主購買商品。
· 提供寵物美容、旅館、教養與動物醫院等相關服務，成為飼主最完善的後盾。
· 舉辦各種讓寵物一起參加的行銷活動，增加飼主的向心力。

AEONPET 三旗艦店：

＊ PECOS 台場旗艦店
電話：03-3599-2160
地址：東京都江東區青海 1 丁目
　　　台場 Palette Town Venus Fort

＊ PECOS LAKE TOWN 旗艦店
電話：048-930-7481
地址：埼玉縣越谷市東町 2-8 AEON LAKE
　　　TOWN MORI

＊ PECOS 倉敷旗艦店
電話：086-430-5730
地址：岡山縣倉敷市水江 1 AEON MALL
　　　倉敷 2F

隨著社會變遷，日本這個少子化的高齡社會，大概從十幾年前開始，可說走到哪裡都看得到人們帶著寵物，寵物用品店也愈開愈多。這幾年台灣也漸漸步入此一趨勢，不少中產階級甚至不結婚生子也要養寵物，寵物似乎已被視為家族成員之一，在主人的美好生活裡扮演一個夥伴般的重要角色，也因此寵物市場的商機日益龐大。即使我個人並不特別喜愛寵物，但對寵物用品產業卻一直抱持著極大的好奇，而 AEONPET 就是全日本最具代表性的優質寵物用品品牌。

AEONPET 是全日本最具代表性的優質寵物用品品牌。（AEONPET 提供）

帶給寵物幸福人生的品牌理念 ～

創立於 1998 年的 AEONPET，為零售業巨擘 AEON（後註）的子公司（AEON PET 株式會社），目前在全國各地共有一百七十幾家分店，幾乎都設置於百貨公司或購物中心內，無加盟、全部直營的體系，讓 AEONPET 的店舖形象、商品品質與服務水準都控管得極為一致。而且不同於其他商品陣容不夠或帶著廉價感的寵物用品店，AEONPET 除了商品採購能力一流，在店舖設計裝潢方面也相當投入心力，這使得品牌整體質感提升，顧客逛起來也會覺得很溫馨舒服。

AEONPET 的經營理念是創造寵物快樂生活的樂園，重視安心、安全，提供支援寵物生活的各種商品與服務。AEONPET 如同將寵物當成小孩般愛護，全方位為其著想建構牠們所需的一切，這種人性化的做法，只有先進國家才有餘裕。而且為了落實這種理念，要成為 AEONPET 的員工，喜歡寵物是首要條件，全公司約有七成

員工養寵物。最特別的是約從十年前開始，員工每天都可以帶寵物進辦公室，前提是要教養好寵物遵守規矩，例如不可亂吠而影響他人工作、寵物要懂得到特定地方上廁所、不可亂咬家具等，AEONPET 如此開放的民主風格，對熱愛寵物的員工實在很有吸引力。

1. 舊稱 PET CITY 的分店幾乎都設置於百貨公司或購物中心內。
2. Dear One 是 PECOS 台場旗鑑店才有的提案空間，受理寵物積水房屋整修。

豐富多元商品不遜於大型服飾店 〜

為了因應時代需求，AEONPET 開發出一種全方位的新型態寵物用品旗艦店
PECOS，目前全國共有三間。走進位於東京台場的 PECOS 旗艦店，立刻會被賣
場空間之大、商品豐富多元之程度所折服，也敬佩日本企業精益求精的精神。
PECOS 設有寵物美容專櫃、寵物旅館、寵物教養區、動物醫院等，在此還可以購
買到貓狗。台場 PECOS 旗艦店面積約三百坪，至少是一般零售業商店的三至五倍，
仔細逛的話，大概要花上半天。放眼望去琳瑯滿目的商品種類，可說比女性服飾

1. 台場 PECOS 旗艦店面積約三百坪，讓人大開眼界。
2. PECOS 是寵物的全方位大型超市。
3. 食品區陳列得如此有格調。
4. AEONPET 的商品彷彿女性服飾店般多元。

店或嬰童用品店還多，而且分門別類清楚、走道寬敞乾淨，產業發展到如此規模，
簡直令人歎為觀止。

在 PECOS 旗艦店裡，還能夠聽得到小狗的叫聲，原來店內規劃了大坪數的寵物區，
客人可以在現場馬上選購喜歡的寵物，狗有十多種（若包括特別訂購的話，約有
三十種），價格約從十萬至八十幾萬日圓；而貓的種類很少，據說是因為日本現
仍有不少人會在路邊撿野貓回去養。AEONPET 的平澤部長表示，景氣好壞會影響

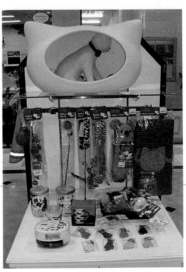

1. PECOS 除了賣場，還包含寵物美容專櫃、寵物旅館、寵物教養區、動物醫院等。（AEONPET 提供）
2. 在 PECOS 旗艦店裡還規劃大坪數的寵物區，客人可以馬上選購寵物。（AEONPET 提供）
3. 寵物真好命，累了有推車可坐。
4. 寵物衣服設計得跟小女孩穿的沒兩樣。

飼主選擇大或小型的犬隻，像 1985 年至 1995 年處於泡沫經濟時期，大家手邊有閒錢，特別流行大型犬；十年前景氣處於低谷，則很流行吉娃娃，對初次接觸寵物產業的我來說，這種說法實在有趣。

AEONPET 的商品，小從綁在寵物脖子的名牌，大到可輕鬆帶寵物出遊的推車，其他如寵物衣服、飾品、飼料、罐頭與零食，還有數不清項目的寵物玩具等。甚至連貓狗懷孕時期與授乳時期的牛奶也買得到，產品居然分到這麼細，簡直與人類沒兩樣，實在讓我大開眼界。由於日本養狗者遠比養貓者多（目前全國有近

❶❷　　❼❽
❸❹
❺❻

1. 要替愛狗繫上頸圈,也要挑個美一點的。
2. 在 AEONPET;連貓狗懷孕時期與授乳時期的牛奶也買得到。
3. 寵物飼料的牌子這麼多,要選哪個還真傷腦筋。
4. 這些寵物零食看來真可口。
5. 大型犬的玩具跟一般寵物不一樣。
6. 要哪種名牌與 T 恤,慢慢挑選。
7. 寶貝寵物,就買個舒適的窩給牠睡。
8. 這個漂亮的蕾絲布包,是給飼主帶小型狗外出用。

六百九十萬隻狗），所以 AEONPET 的狗寵物商品就佔了整體的六成，貓只有三成，其他一成屬於魚、鳥等商品。而且每一種商品，都會有少則幾種、多則數十種的選擇，我相信寵物主人一定買得不亦樂乎，也讓人覺得日本的寵物實在幸福。

像我的一個日本朋友就是 AEONPET 的常客，她養了兩隻貴賓狗，每個月都會去台場 PECOS 購物或參加活動，平常沒事就幫小狗拍照打扮，忙得不亦樂乎，三十後半的她常說就算不結婚也無所謂。

提供寵物美容旅館教養醫院等相關服務 ～

要買寵物很容易，不過想要把寵物教養得好，飼主所需要投注的金錢與心力，真可說不下於養育小孩。AEONPET 的目標族群為三十後半至四十五歲與六十至六十五歲者，多是單身、孩子較大或處於空巢期的老年人，在精神與財力上才有養寵物的餘裕。AEONPET 除了提供各類讓寵物變可愛的美容服務，讓寵物保持漂亮乾淨；還有六十三間分店內設立寵物旅館（Pet Inn），連成田機場內也設置，方便飼主出國或外出時的臨時託管；另外也有長期合作的 ECO-LE 公司提供教養寵物的 Know-How。AEONPET 甚至在店舖裡設置動物醫院，讓寵物生病的飼主無後顧之憂。正因為提供的種種相關服務連結成一個支援網絡，讓 AEONPET 成為飼主最完善的後盾。

AEONPET 推出的美容服務相當多元，譬如洗淨、修剪、染毛、泡沫浴、中藥浴與游泳等，長期花費下來非常可觀。依照犬體大小，洗澡一次收費四千五百日圓至一萬兩千五百日圓、修剪收費五千五百日圓至一萬五千五百日圓，小中大犬的染毛與泡沫浴，一次分別收費一千兩百、一千八百與兩千五百日圓。所以想要寵物活得像王子或公主，飼主的荷包也要飽足才行。

寵物旅館在每年五月黃金假期、八月中元與年終連假時生意相當興隆，而且收費也不便宜，以PECOS 台場旗艦店來說，小型犬一晚四千日圓、中型犬一晚五千日圓、大型犬一晚六千日圓（一般分店稍微便宜些）；如果飼主覺得自己的狗很嬌貴，還可選擇 VIP 室，那麼小、中、大型犬就分別收費六千五百、七千五百、八千五百日圓，住宿多日的話，則有一些折扣，收費與人住的平價連鎖旅館沒兩樣，所以說日本的寵物狗真的很好命。

教養寵物狗更是飼主的一大筆開銷，如果想要寶貝狗貼心聽話、帶出去人人稱讚，就不能任其自由發展。AEONPET 於 2007 年開始與 ECO - LE 合作，此公司好比是一家「犬幼稚園」，有十多位受過專業訓練的老師教學。參加教養課程的會員要帶狗到附屬在 AEONPET 店內的櫃位接受訓練，主要也是為了讓寵物多接觸外界以學習成長，當然也增加到 AEONPET 消費的機會。飼主最初要交八千日圓的入學金，之後依照不同課程所需費用也稍有不同，還有狗的性格與資

1. 寵物旅館連成田機場內也設置，方便飼主出國或外出時的臨時託管。（AEONPET 提供）
2. 寵物旅館的套房備有冷氣。（AEONPET 提供）
3. AEONPET 推出的美容服務相當多元。（AEONPET 提供）
4. 寵愛寵物的花費，對飼主來說是一筆不小的開銷。（AEONPET 提供）

❶❷　❺❻
❸❹　❼❽

質也影響授課長短，八次收費約四萬多至五萬多日圓。我納悶 AEONPET 提供的各項服務都針對狗而設計，可愛的貓怎麼被冷落了呢？總算有幸遇到專家釋疑，原來任何貓種的毛天生都不會一直長，所以較不需要美容保養；且天性敏感的貓多半很害怕到陌生環境，更遑論去住動物旅館或帶到教養學校了。

AEONPET 附設動物醫院的分店共有五十間，擁有上百位合格的專業獸醫陣容。除了醫治生病寵物，其他如飼養寵物、照顧寵物身體狀況等，也提供各種諮詢服務，若有超出服務範圍的大手術，則會建議飼主外面更專業的獸醫院。有這樣的醫療團隊可以倚靠，讓飼主感到格外安心，對 AEONPET 的品牌黏著度就更高了。

1. 想把寵物教養好，飼主所需投注的金錢與心力不下於養育小孩。
2. 貓咪天性敏感，只要買這種攀爬道具讓他在家裡玩就好。
3. AEONPET 旗艦店附設的動物醫院相當氣派。
4. 動物醫院除了醫治生病寵物，還有專業醫護人員提供諮詢服務。（AEONPET 提供）

舉辦各類活動加強與顧客互動 ～

為了保持與消費者的互動，並增加飼主對品牌的向心力，AEONPET 每年舉辦約五次大型活動，比如寵物狗的技能比賽、選美大賽、造型比賽等。為了讓寶貝寵物美麗亮相，主人們無不絞盡腦汁，當然免不了要再前往 AEONPET 添購寵物的衣服飾品，生意自然源源不絕。

像 2011 年 10 月 AEONPET 舉辦的 Dog Festa，針對狗所舉辦的寫真比賽、教養教室、舞台時尚秀、迷你遊戲、賽跑、猜謎抽獎會等一系列活動，各式各樣的狗紛紛亮相，狗叫聲與人笑聲簡直將整個場地翻騰到最高點，此時人類彷彿成了配角。

其他如消費滿兩千日圓以上，AEONPET 即贈送免費攝影券（另有自費攝影服務），讓專業攝影師為寵物拍攝沙龍照；小型行銷活動如募集寵物與主人的合照、製作寵物肖像畫等，增加品牌與飼主之間的互動。

如果成為 AEONPET 會員（入會免費），在每月 20 日與 30 日這兩天可享購物九五折優惠。另外每月 11 日的汪汪日購物可集兩倍點數，22 日的喵喵日購物則可集四倍點數。

LIVE HOUSE 幫被拋棄寵物找尋新主人～

由於一些飼主對養寵物只有三分鐘熱度，剛買來時疼愛有加，有遇到寵物生病或日漸長大不聽使喚等情況，就狠心將寵物拋棄，或者將可愛寵物當成出氣筒虐待，使得日本全國各地路邊出現不少流浪犬貓，政府每年必須射殺三十萬隻狗（貓殺得更多）。

AEONPET 基於減少不幸犬貓的理念，於 2006 年特別成立一項 LIVE HOUSE 事業，在網路上 Po 出牠們的照片，致力於幫被拋棄的寵物找尋新主人。由於被棄犬貓就如同報上常見的受虐兒童般，心靈充滿創傷有待療癒，即使出現中意的新主人，有時也不能夠很順利地撮合成功，必須有耐心地一試再試。

這種吃力不討好的事業極費心力，不過由於 AEONPET 耕耘得頗有成效，這幾年被遺棄的貓狗已逐漸減少，為企業在慈善形象上大大加分。這個實績還使得其他原本觀望的同業慢慢跟進，實在是 AEONPET 無心插柳柳成蔭的結果。台灣也一直有流浪犬的問題，可惜國內的相關產業還沒發展到日本的境界，看來要改善真的需要時間。

1、2. AEONPET 每年舉辦寵物狗的技能比賽頗有看頭。（AEONPET 提供）　　　❶❷　　❻❼
3. AEONPET 舉辦的 Dog Festa，此時人類成了配角。（AEONPET 提供）　　　　　❸❹
4. 為了讓寶貝寵物在造型比賽美麗亮相，主人們無不絞盡腦汁。（AEONPET 提供）　❺
5. 為了寵物的幸福，還是加入 AEONPET 會員吧！（AEONPET 提供）
6. AEONPET 基於減少不幸犬貓理念，特別成立 LIVE HOUSE 事業。（AEONPET 提供）
7. 被拋棄的貓狗需要找尋新主人。

Chapter

04

體驗設施魅力品牌

無論經營藝術、商業、休閒等設施，懂得做生意的日本向來是箇中高手，本篇介紹的三家設施分屬不同類型，走訪一趟即可抓住社會經濟主體的動向，也藉此懂得讓餘暇生活更愜意美好。

ENTER

2k540

LA CITTADELLA

富士屋飯店

2k540
高架橋下的摩登職人聚落

日本人在建構美好物質生活的本事有目共睹，各種餐廳、甜點屋、服飾店與雜貨用品店，選擇多元到令人眼花撩亂。相對地在精神生活方面，日本人對藝術、文化、創意領域的耕耘，也同樣戮力極深。除了數量原已相當多的博物館、美術館與藝廊，每隔一段時間，總是會再誕生一些嶄新的藝文設施，這著實反應日本人對文化養分的需求。觀察日本二十多年，總覺得日本不愧是個社會發展到高密度、講求精緻生活的民族，物質與精神生活兩者不僅沒有偏廢，還平衡得恰到好處。而位於高架橋下的 2k540 AKI-OKA ARTISAN，就是一個新型態的文化創意產業基地。

品牌魅力在哪裡？

- 全日本首創高架橋下的職人聚落，具新鮮感。
- 工作室與商店合而為一，訪客可能直接與藝術家雙向交流。
- 可自由選購獨一無二的作品，或針對需求量身訂做。

＊2k540 AKI-OKA ARTISAN

電話：03-6806-0254
地址：東京都台東區上野 5-9-23

高架橋下的 2k540 AKI-OKA ARTISAN，是一個新型態的文化創意產業基地。（2k540 提供）

結合商店與藝術家工作室的成立概念 ～

乍聽 2k540 AKI-OKA ARTISAN 這個名字，一定搞不清楚是什麼？它是位於東京秋葉原（AKIHABARA）與御徒町（OKACHIMACHI）兩車站之間、高架橋下的職人（創意人、手工藝者）聚落。2k540 是東京車站到此地的距離兩公里五百四十公尺；AKI-OKA 是秋葉原與御徒町的簡稱；ARTISAN 是法文職人、工匠之意。

創立於 1989 年的 JR 東日本都市開發公司（為 JR 東日本鐵道的子公司）為了活化都市空間，規劃開發多項專案以利用閒置空間與更新老化土地，陸續將高架橋

1. 2k540 AKI-OKA ARTISAN 的命名深具涵意。
2. 2k540 的概念是將創意人工作室與商店合而為一。
3. 高架橋下有如此雅緻的服飾店，想不到吧！
4. 2k540 特別以白色作為整個空間的主色調。
5. 遊走於 2k540 裡，隨處可見充滿藝術性的創作。

下的空間開發為餐廳、倉庫、健身房、保育設施與家居用品修繕中心等。2010 年
12 月誕生的 2k540 AKI-OKA ARTISAN，概念則是將創意人工作室與商店合而為
一，把原本作為停車場的陰暗橋下空間，改造為手工創造作品的藝術家進駐場地，
成為全球都市更新的經典案例。

佔地五千平方公尺的 2k540，從企劃到開幕共花費兩年時間，經費高達五億日圓，
特別以白色作為整個空間的主色調，充滿設計感與開放性，遊走其中能充分滿足
內心探尋藝術創造的渴望。由於御徒町與附近的上野、淺草等地，散布很多歷史
悠久的樓房、批發店家，2k540 的出現，格外帶有一種承接過去與未來、古老與
嶄新的革命感，而且進駐的創意人不少來自外縣市，將他們集結到東京都內，等
於傳達出值得玩味的地方傳統，這種有別於日本一般藝文設施的創意做法，對來
客來說充滿新鮮感。

● ❸❹
❷

創作性質豐富多元、五花八門～

造訪 2k540 最有意思的地方就是能夠雙向交流,由於每間店舖與創意人工作室合而為一,訪客碰到創意人的機會很大,甚至訂製世上唯一的商品;而創意人可以得到客人最直接的心聲,對磨練自身創作力也有幫助。藉由兩方面互動所碰撞出的火花,讓 2k540 充滿一種日日進化的生命力,使人造訪起來產生與一般藝術品商店相當不同的感受。進駐藝術家全由 JR 東日本都市開發公司精選而來,基準是能夠傳達手工創造的精彩,且讓客人覺得充滿樂趣。

2k540 的創作內容非常豐富多元、五花八門,性質都很耐人尋味,製作品質也都在水準之上。包含工藝品、服裝、飾品、皮革製品、生活雜貨、居家用品、藝術品等,還有幾家咖啡屋、餐

1. 門口的木椅也是這間店的產品。
2. 進駐 2k540 的店家,都能夠傳達手工創造的精彩。
3. 逛累了,2k540 裡也有咖啡店可歇腳。
4. 在這裡訂做手工皮包,保證不容易與人雷同。

1. 這間手工帽子店，很有歐洲風格。
2. 在這間畫廊裡，也許有未來成為大師者的作品。
3. 以各色小傘作裝飾，讓人眼睛一亮。
4. 不只有各色傘布可選擇，連傘把也有許多種樣式，來訂做一把專用傘吧！

廳與畫廊，全部共約五十家店舖，一間間逛下來，不知不覺就過了大半天。喜歡手作商品的人，更可以在 2k540 裡選購到不少此處才有的物品，想要訂做獨一無二的創意商品，就來這裡試試看。

2k540 的可貴之處在於原創性（Originality），有不少讓我眼睛一亮的店家，比如有一家傘具工房 Tokyo Noble，以特製的幾十把色彩鮮艷小傘裝飾櫥窗，經過的人很難不多看幾眼。此店除了販賣傘，還可接受特別訂製，雖然價格不便宜，但不會與別人買到一樣的傘，成為吸引客人的一大賣點。

❶

❷❸　　❹

1. 「日本百貨店」將日本許多地方的工藝品與食品特產整合起來販賣。

2. 這間生活雜貨用品店的名稱別具創意，

3. 如此細緻的木器，呈現傳統職人的細工手藝。

4. 店家風格包含和風傳統與現代，2k540 如今的陣容融合東西方精粹。

另一家「日本百貨店」將日本許多地方的工藝品與一些食品特產統合起來販賣，讓客人在浸淫藝術養分之餘，也能夠親炙大和的傳統與特色。對我來說即使日本特產早已司空見慣，在此還是忍不住又挑選了幾樣回家。還有家生活雜貨店特別以四方形、圓形與三角形的符號為店名，販賣的商品看來樸素但質感不錯，頗有無印良品的味道。

從吃閉門羹到名揚海外 ～

現在 2k540 看起來魅力十足，引起各界相當大的迴響，不過當初 JR 東日本都市開發公司在招攬店舖進駐時，可說吃足了苦頭，因為大家一聽到陰暗的停車場，都提不起興趣。JR 東日本都市開發公司的六位員工，大概總共拜訪了兩、三百位各類創意人、藝術家與組織團體，再三傳達成立概念與相關支援等重點，才慢慢打動對方、邀集到如今的陣容。

2k540 的場地呈長條狀，以 A 至 Q 的十七個英文字母規劃區域，如果不想漏掉任何一個工作室或店舖，就按照順序逐一造訪。基於發掘、培育與支持藝術家理念，在 2k540 承租空間遠比外界便宜，每個工房大小約十坪至二十坪，一坪租金為兩

萬日圓。目前進駐的職人與藝術家與 2k540 簽約五年，即使作品銷售不夠好也不用擔心會被請走，當初遲疑觀望的創意人與組織，現在心動也擠不進來了。

2k540 自開幕以來，一年平均有二百多家媒體（包括網路）來採訪，海外約佔一成，來訪客人平均每天有六、七百位（包含不少外國觀光客），且這個數目一直增加當中，如此成績讓原先不看好的各界人士都跌破眼鏡。

進行跨界合作與舉辦各類藝術活動 ～

除了進駐的創意人或店家不定期自行推出新商品或活動以外，2k540 也規劃出六個空間，開放給外界租用，經常舉辦各類職人與藝術活動。例如京物展、小田原箱根木製品展示會、福井縣鯖江市地方手工藝町（城鎮）展、東京葛飾區傳統產業職人會與萬花筒創作展等，更加炒熱活絡 2k540 的創意氣氛，才能吸引客人不斷造訪。

❶ ❷

1. 2k540 的場地呈長條狀，以 A 至 Q 的十七個英文字母規劃區域。
2. 京物展屬於時間限定的活動。

2k540 也積極展開與業界的合作，例如上野國立西洋美術館舉辦西班牙藝術巨匠 GOYA 展，2k540 策動常駐的二十三位藝術家設計周邊商品如皮件、飾品等，不僅讓美術館販賣的商品產生嶄新創意，也讓這些創意人多了一個發揮才能的舞台，對提升 2k540 本身的知名度也頗有幫助，可說是一件三贏的美事。

2k540 將人、物與事情（活動）連結起來，把死氣沈沈的停車場，活化為充滿創意生命力的發信場所，JR 東日本都市開發公司也繼續改造其他高架橋下的空間為各類空間，相信未來還有令人眼睛一亮的作為。

這幾年台灣一直很努力耕耘文化創意產業，也誕生了幾處創意園區，希望這股力道能夠持續發光發熱。雖然台灣的高架橋下只有花市與玉市，我們也不見得要原封不動地移植 2k540，不過至少在創意與經營方面，可以多跟發展腳步比較快的日本學習，尤其期望行有餘力的企業能夠多支持辛苦創意人發展未來。

1 　　　　**4** **5**

2 **3**

1. 充滿職人高度技巧的 HINOWA 盤。（2k540 提供）

2. 這款萬花筒的罕見造型具和風之美。（2k540 提供）

3. 2k540 策動進駐的藝術家設計展覽飾品，原創性十足。（2k540 提供）

4. 2k540 是從陰暗停車場活化為創意聚落的好例子。

5. 文化創意產業需要長期耕耘。

進駐創意人特寫

UAMOU ～

這間超可愛的公仔店，門口擺放一個兩公尺高的公仔 UAMOU，由留學英國五年（畢業於 Camberwell College of Arts）的創意人高木綾子（AYAKO TAKAGI）所設計，店內還販賣 T 恤、桌上擺飾、公仔手機吊飾等，主人翁的公仔材質使用到軟塑膠、樹脂、金屬、毛絨與木頭，色彩也繽紛多樣，讓人一看就印象非常深刻。

高木綾子給人一種聰穎靈巧的感覺，長得又很細緻可愛，她所創造的 UAMOU 世界充滿天馬行空的童趣，主人翁是頭上長角的白胖公仔 UAMOU、常一起登場的好友 Boo（造型像小幽靈），還有專門吃掉人心黑暗面的 Nobody、會發亮光的 Hiccups 與專門說人壞話的 Bastard，未來 UAMOU 世界還會再增加其他成員。

父親為飾品職人的高木綾子，在充滿創意的環境耳濡目染之下，從小就很愛畫畫，她天生對宇宙人、機器人、妖怪等事物特別感興趣。UAMOU 是在她十四歲時無意中被創造出來（UAMOU 之名稱純粹是發音唸起來很特殊，剛好也具有外太空的感覺），十七歲時開始正式製作（基本上由工廠生產，再由人力進行局部加工）。

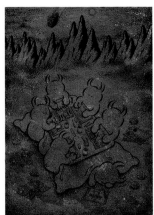

①②　③④⑤
⑥⑦

1. 這個兩公尺高的公仔 UAMOU，讓人看了就想抱抱看。
2. 高木綾子是創造 UAMOU 的主人。
3. UAMOU 與常一起登場的好友 Boo 小幽靈。
4. 這個變形 UAMOU 超酷。（高木綾子提供）
5. UAMOU 曾在巴黎著名的 COLETTE 展示過。（高木綾子提供）
6. 仔細看這款高價 UAMOU，眼睛鑲嵌了寶石。（高木綾子提供）
7. 天馬行空的 UAMOU，造型色彩多變。（高木綾子提供）

前往倫敦唸書後，高木綾子將公仔作品拿去跟當地的玩具店、書店老闆交涉，獲得認同後得到寄賣的機會，於大學二年級時開始正式展開這個品牌，還曾在巴黎著名的 COLETTE 展示過。UAMOU 公仔目前除了日本，也在英、荷、德與西班牙等國販賣，能夠被美學卓越的歐洲賞識，可見高木綾子的獨特創意非常先進。這位明日之星也是 2k540 裡讓我最欣賞的創意人，相信她未來的發展不可限量。

在進駐 2k540 以前，高木綾子曾在一個藝術創意機構 DESIGNERS VILLAGE（位於東京台東區）設立工作室三年，這期間得到不少磨練。高木綾子這幾年也朝異業結盟方向發展，例如與日本時尚品牌 BEAMS 及 Graniph 合作 T 恤、與 El Coco

Loco 合作包款、與 Tokyo Walker 雜誌推出限量的 UAMOU 多彩公仔，海外的訂購往往都針對當地市場需求變化。目前她的事業核心除了製作販賣公仔、為其他業者（如天氣網站）設計肖像物，也維持創作活動，繪製油畫、素描與立體作品等。高木綾子曾創作過 UAMOU 繪本與短篇動畫，除了東京、京都辦過多次個展與聯展，也曾受邀赴上海、台北舉辦作品展，另外也積極自行赴美國參展，可說全方位開發 UAMOU 的各種可能性。

而與 UAMOU 併設一起的「遊食家 Boo」，是高木綾子哥哥開設的飲食店，他曾在居酒屋與義大利餐廳磨練多年，這家餐廳空間雖小，但結合義大利與日本的創意菜餚與酒，價格平易近人，不失為一處遊客逛累後用餐的好地方。

1. UAMOU 在日本與海外都辦過展覽。（高木綾子提供）
2. UAMOU 充滿各種可能性。（高木綾子提供）
3. 人氣高的 UAMOU，還與時尚品牌合作推出限量包。（高木綾子提供）
4. UAMOU 的組合玩具製作精巧。（高木綾子提供）
5. 高木綾子曾創作一本無文字的 UAMOU 繪本。（高木綾子提供）
6. 與 UAMOU 併設的「遊食家 Boo」，是高木綾子哥哥開設的飲食店。

MIYABICA ～

有別於一般看到的日本漆器多半都是容器、餐具，MIYABICA 是由藝術家峰岸奈津子（NATSUKO MINEGISHI）設計的雅緻漆藝飾品店。店裡販賣的「堆漆」飾品，包含戒指、項鍊墜、袖扣、和服帶飾等，屬於漆器藝術的一種，由於非常費工，每樣商品價格至少要四、五萬日圓。

峰岸奈津子畢業於工藝大學設計科，因為對漆器感興趣，還特別到香川縣漆藝研究所進修，又曾師事漆藝家北岡省三，對漆藝擁有十六年的學習資歷，磨練出獨一無二的風格。所謂「堆漆」飾品，就是每日上一次漆，乾燥後一直上到兩、三百次才完成，這些看來極為細緻的飾品底部以玻璃作為支撐，在上漆作業結束後才卸下，再經過磨光、上油等程序才完成。

MIYABICA 飾品圖案以植物、幾何圖形為主，成品充滿典雅的和風之美，對我來說是生平首見，目前全日本的漆藝創作者也無人朝此類飾品領域發展，非常具有收藏價值。峰岸奈津子原本擁有自己的工作室，由於認同 2k540 的理念才進駐到此。現在除了讓更多人知道「堆漆」藝術，也得到較多媒體的介紹，未來峰岸奈津子也想給自己更多挑戰，嘗試飾品以外的作品主題。

❶
❷❸❹

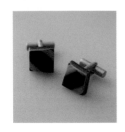

1. 典雅的堆漆飾品製作費工，價格昂貴。（峰岸奈津子提供）
2. 堆漆屬於漆器藝術的一種，作成袖扣頗為別緻。（峰岸奈津子提供）
3. 這款堆漆和服帶飾，深具日本風味。（峰岸奈津子提供）
4. 堆漆做的髮簪，也可拿來當作壁飾。（峰岸奈津子提供）

LA CITTADELLA
吃喝玩樂買學統統包的人造義大利城

日本的商業設施很多，由此可看出日本人是非常喜歡消費的民族，針對需求精準消費與營造生活品質的確具有密切關係，也有許多日本人藉消費消除壓力。提到全日本的商業設施，小從店舖不到十家的社區型賣場，大到進駐店舖幾百家的超大型購物中心，各具特色與賣點。由於喜愛觀察日本零售業生態，每逢首都圈（包含東京都與周圍的神奈川、千葉、埼玉三縣）任何新商場開幕，我總是絕不放過。在逛過無數大小商場、百貨公司、購物中心後，還讓我念念難忘者極少，而十年前首度造訪的義大利風情 LA CITTADELLA，就是我深深喜愛的一個都市桃花源。

品牌魅力在哪裡？

· 想親炙義大利風情不需出國。
· 具備購物、餐飲、影音娛樂、運動等多元功能。
· 節慶行銷活動豐富有趣。

＊LA CITTADELLA
電話：044-223-2333
地址：神奈川縣川崎市川崎區小川町 4-1

LA CITTADELLA 是以義大利城鎮為藍圖建造。（LA CITTADELLA 提供）

以義大利山城為藍圖建造～

2002 年開幕的 LA CITTADELLA，位於國人較不熟悉的神奈川縣川崎市，是經過多次轉型而成的複合式商業設施。社長美須孝子女士出身商人世家，祖父 1922 年曾在東京日暮里經營電影院，1936 年轉戰川崎展開電影街事業。美須女士早年留學歐洲最鍾情義大利，後來還嫁給義大利外交官，深刻體認到義大利人懂得生活的美學。

1985 年美須女士接掌事業後，於 1987 年轉型為包含電影院的商業設施 CINECITTA，之後以「透過娛樂與文化，提供都市嶄新的感動與活力」為理念，邀請美國建築師 Jon Jerde 設計，花費上百億日圓、前後歷經四年多，逐步擴大改建為亮麗的 LA CITTADELLA（此義大利文原意為山丘上小城之意）。由於日本人向來憧憬歐洲，LA CITTADELLA 這個小義大利自成立以來，始終吸引日本各縣市的遊客前來。

1. LA CITTADELLA 是經過多次轉型而成的複合式商業設施。
2. 穿梭在 LA CITTADELLA 的蜿蜒小徑時，就像漫步在義大利的城鎮巷弄裡。
3. 先看看區域指標，再好逛 LA CITTADELLA。
4. 商店招牌美麗如歐洲場景。

LA CITTADELLA 造型彷彿沿山而建，高低起伏不一的群狀建築物由兩座空橋連結，外壁刻意漆上南歐風格的橙橘色調，鮮豔色彩在陽光下格外閃耀。置身其中聽到陣陣浪漫澎湃的義大利情歌，穿梭在園內建構的多條蜿蜒小徑上時，無論是拱廊、路燈、區域指標、商店招牌等，一草一木都美麗如歐洲場景，讓人覺得真像漫步在義大利的小城鎮。在 LA CITTADELLA 這座戶外型商場內，還建造一座定時噴放彩虹水柱的義式噴水池，連真理之口也仿造得與羅馬本尊一模一樣，令人走到哪兒都忍不住想拍照。遊客除了深刻體會美須女士是多麼熱愛義大利，也佩服她鉅細靡遺建造的魄力，更見識到日本人要做任何事，就會徹底完成的極致精神。

1. 這座義式噴水池會定時噴放彩虹水柱。
2. 連真理之口也仿造得與羅馬本尊一模一樣。
3. LA CITTADELLA 規劃成多個區域。（LA CITTADELLA 提供）
4. 健身中心海報。（LA CITTADELLA 提供）

機能極多元的都會型戶外商場 ～

LA CITTADELLA 以三個表現義大利人真髓的字彙作為象徵，那就是：Mangiare
（食）、Cantare（歌）與 Amore（愛），充分展現義大利的文化、傳統與魅力，
也提供遊客一個非日常的生活空間。整座園區規劃成 MAGGIORE、VIVACE、
CINECITTA'、PICCOLO、CLUB CITTA' 等幾個區域，包含餐廳、咖啡館、服飾店、
生活雜貨用品店等五十家店舖，還有十二個廳的電影院、健身中心、美容沙龍、
料理教室、演唱會廳、小型賭場、撞球間、婚禮教堂等，機能上可說應有盡有、
無所不包，將 LA CITTADELLA 建構得宛如降臨在城市裡的一個精緻小星球。

❶❷ ❸
❹

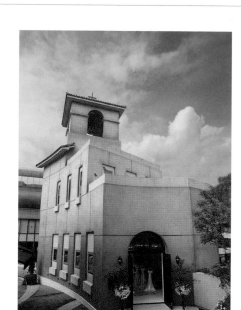

❶❷　❸❹
❺

如果不想依照各個區域逐一遊逛，就以 LA CITTADELLA 的中央廣場為中心點，隨著心情任意
散步也頗有樂趣。在多功能兼具的 LA CITTADELLA 進行一日遊，可以購物、看電影、學做菜、
健身、聽演唱會、試手氣等，將一整天過得很充實。LA CITTADELLA 不像日本一般商場只散放
要人購物的氣息，它巧妙地藏身於熱鬧都會，卻又讓人能夠在其中找到一個放鬆的角落，即使
在整個園區裡上下走動或坐在噴水池邊發呆，也不會有店員來干涉，亦不像到偏遠的郊外風景
區散心需要顧慮安全。我向來很嚮往歐洲城市巷弄的閒適氣氛，所以非常喜歡 LA CITTADELLA
帶著一種「跳脫日常生活」的度假感，有時赴日出差在忙完公事以後，我會來此 Relax 一番，
在此吃個晚飯再回旅館，彷彿自己去了一趟義大利，感受生活的美好有時候就在剎那之間。

進駐 LA CITTADELLA 的餐廳共有十多家，不過既然標榜義大利風情，就從六家道地的義大利餐廳裡挑一家嘗嘗吧！包含 IL PINOLO、il Pacioccone di Chianti、Osteria Galileo、ENO VINO、Piccolo Campo 與 PIZZA SALVATORE CUOMO&GRILL。我曾在拿波里風格的 Osteria Galileo 用餐，平實的餐廳內部好似一般義大利人的家，讓疲憊的心情格外放鬆，而新鮮魚料理的賣相雖不華麗，卻具有義大利傳統家庭的滋味。

1. LA CITTADELLA 設有教堂可舉辦婚禮。（LA CITTADELLA 提供）

2. 浪漫典雅的教堂夜景。（LA CITTADELLA 提供）

3. LA CITTADELLA 帶有一種「跳脫日常生活」的度假感。

4. LA CITTADELLA 讓人能夠在其中找到一個放鬆的角落。

5. IL PINOLO 餐廳完全像從義大利移植過來。

❶　　❺
❷ ❸
❹

鄭重推薦 LA CITTADELLA 附設的演唱會廳，曾在此處演唱的大牌歌手、樂團如久保田利伸、松任谷由實、井上陽水、X-JAPAN 等，海外樂團如 OASIS、Red Hot Chili Peppers、Primal Scream 等，盡是實力派之選，如果來此處時運氣好買得到票，就能夠擁有一個美好的夜晚。

由於 LA CITTADELLA 景觀美麗，又設有典雅的教堂，每年約有五十對新人選擇此地來舉辦婚禮。如果不在乎跨海的距離、預算寬裕的話，LA CITTADELLA 也歡迎外國遊客來洽談。

1. il Pacioccone di Chianti 食材新鮮，口味道地。
2. Osteria Galileo 的海鮮飯值得推薦。（LA CITTADELLA 提供）
3. Osteria Galileo 氣氛宜人，料理具有拿波里的家庭風味。
4. ENO VINO 餐廳有很多葡萄酒可暢飲。
5. 每年約有五十對新人選擇來 LA CITTADELLA 舉辦婚禮。（LA CITTADELLA 提供）

與川崎市密切連結的節慶活動 ～

由於 LA CITTADELLA 蘊含著悠久歷史，與川崎市的發展早就密不可分，地位也超越一般商業設施，具有影響當地商業發展的力量，自 LA CITTADELLA 開幕後，附近逐漸開設了不少時髦商場。

每當配合重要節慶舉辦各種活動，LA CITTADELLA 往往成為川崎市民參與的重要地標。像五年前的萬聖節時，我人剛好在日本，於是就順便到 LA CITTADELLA 瞧瞧。那天晚上 LA CITTADELLA 擠得人山人海、處處可見南瓜裝飾，特別舉辦的變

1. LA CITTADELLA 舉辦的萬聖節活動人山人海。（LA CITTADELLA 提供）
2. LA CITTADELLA 與川崎市的發展密不可分，川崎車站還特別設置詢問處。
3. 萬聖節時許多大人與小朋友都特別巧妙扮裝登場。（LA CITTADELLA 提供）
4. LA CITTADELLA 的萬聖節活動屬於地區性，許多人從白天就等著入場。（LA CITTADELLA 提供）

1. 映畫祭配合萬聖節播放恐怖主題電影。（LA CITTADELLA 提供）
2. LA CITTADELLA 舉辦以沖繩為主題的 HAISAI FESTA 活動。（LA CITTADELLA 提供）
3. 義大利祭特別請專業人士教授義大利語。（LA CITTADELLA 提供）
4. 留學義大利的畫家在 LA CITTADELLA 區內地上作畫。（LA CITTADELLA 提供）
5. 義大利祭有上萬人造訪，美食攤位座無虛席。（LA CITTADELLA 提供）
6. 義大利祭設有販賣葡萄酒的攤位。（LA CITTADELLA 提供）

➊ ➌➍
➋ ➎➏

裝遊行比賽，讓許多大人與小朋友都特別巧妙扮裝登場，幾萬人開心熱鬧慶祝的
盛況，實在非常具有撼動性，讓我至今仍記憶猶新。還有已進入第十六屆的映畫
祭：THE ROCKY HORROR PICTURE SHOW，配合萬聖節播放的恐怖主題電影，相
當受歡迎。當然日本人向來重視的聖誕節、情人節，也是造訪 LA CITTADELLA 的
好時機。

由於川崎市與沖繩兩地有良好交情，LA CITTADELLA 每年五月的黃金週（Golden
Week），都會舉辦以沖繩為主題的 HAISAI FESTA 活動，祭典氣氛將川崎市翻騰
到最高點。

還有每隔一兩年於秋天舉辦的義大利祭也美不勝收，這個大型活動由義大利大使
館主辦，義大利政府觀光局、義大利貿易振興會與文化會館協辦。從義大利的美
術、音樂、時尚、飲食、歷史與先端技術等面向切入，廣為傳播義大利自古至今
的內涵，譬如邀請留學義大利的畫家在園區的地上作畫，也擺設許多可口的義大
利美食攤位，當然還可以買到許多特別從義大利進口的商品，以及參加多種文化
活動，為 LA CITTADELLA 這座硬體置入種種繽紛的義大利軟體，連辦兩日的義大
利祭往往有上萬人造訪。

配合時代潮流與市民需求不斷成長 〜

雖然 LA CITTADELLA 最初訴求的目標族群為二十至三十世代的女性，目前會員約十一萬人，不過近幾年由於川崎車站周圍建蓋大型住宅與企業進駐，逐漸增加許多全家型客層，現在來客有六成來自川崎市的當地居民，因此 LA CITTADELLA 也陸續調整進駐店舖與餐廳的型態。且為了配合時代潮流與川崎市民需求，LA CITTADELLA 曾於每週日在園區通道推出 MARCHE 三年，販賣十幾攤農家自產的蔬菜水果，讓 LA CITTADELLA 更加拉近與市民的距離（目前這個青空市集暫停，考慮改為季節性的活動）。

為了讓 LA CITTADELLA 繼續成長，也能給造訪過的人帶來新鮮感，LA CITTADELLA 在 2011 年 12 月又規劃了一個新的區域 Arena CITTA'，此處設有咖啡廳與兒童學習塾，還有廣大場地可舉行足球比賽，為 LA CITTADELLA 帶來不少動能。這些變化倒讓我覺得 LA CITTADELLA 的定位愈來愈有社區型商場的味道，畢竟一個商業設施成立了十年以上，嘗鮮的國內客人自然日益減少，為了生存而求變也是理所當然，國內一些急待轉型的商場，也可以從 LA CITTADELLA 得到啟發。另外集團還在 LA CITTADELLA 附近蓋了膠囊旅館，方便外縣市來的遊客住宿。

❶ ❷   ❸

❹

LA CITTADELLA 這座露天商城，對面就是熱鬧的銀柳商店街，造訪此處交通極為方便，從窄窄的入口一進入，會覺得瞬間展開一個世外桃源。附近上班族於中午休息時間或傍晚下班後，不少人立即來此轉換心情。國人下次造訪東京時，搭乘 JR 京濱東北線往南至川崎車站，從東口出來到 LA CITTADELLA 悠遊一下，保證不虛此行。

1. LA CITTADELLA 新規劃的 Arena CITTA'。（LA CITTADELLA 提供）
2. Arena CITTA' 設有咖啡廳。（LA CITTADELLA 提供）
3. Arena CITTA' 有足球場可舉行比賽。（LA CITTADELLA 提供）
4. 國人少人知道的 LA CITTADELLA，非常值得一遊。

富士屋飯店
讓人身心放鬆舒暢的美景仙鄉

現代人在忙碌工作之餘，適時地放鬆度假，是擁有美好生活的方式之一，而飯店選擇自然影響到旅行品質。多年來前往日本出差與遊玩有數十次，至今住宿過不少飯店，從一晚五萬多日圓的國際級大飯店，到一晚六、七千日圓的小型旅館都有，累積下來的心得就是並非貴就一定比較好，重要的是清楚自己的需求。如果喜歡欣賞美景，在日本知名觀光勝地設有多個據點的富士屋飯店（Fujiya Hotel）集團，是很好的選擇。不過日本的優良飯店相當多，光前述理由並不足以構成採訪的吸引力，我會想去，是因為創業人山口仙之助的築夢踏實故事讓人非常感動，以及旗下飯店擁有國家登錄有形文化財的建築，這賦予飯店擁有崇高靈魂與尊貴形貌。

品牌魅力在哪裡？

・旗下多家飯店皆座落於風景優美之地、餐飲水準高。
・服務秉持真誠、速度、笑容、安全與體貼。
・集團附設高爾夫球場、博物館。

＊箱根宮之下富士屋飯店
電話：0460-82-2211
地址：神奈川縣足柄下郡箱根町宮之下 359

＊蘆之湖箱根飯店
電話：0460-83-6311
地址：神奈川縣足柄下郡箱根町箱根 65

＊富士 VIEW 飯店
電話：0555-83-2211
地址：山梨縣南都留郡富士河口湖町勝山 511

＊湯本富士屋飯店
電話：0460-85-6111
地址：神奈川縣足柄下郡箱根町湯本 256-1

＊八重洲富士屋飯店
電話：03-3273-2111
地址：東京都中央區八重洲 2-9-1

箱根宮之下富士屋飯店擁有國家登錄有形文化財的建築，在日本飯店界稀有。
（富士屋飯店提供）

擁有令人玩味的悠久歷史 ～

創業人山口仙之助是一位眼光卓越、深具開拓精神的先知型人物，在一百多年前尚處於甚少人出國的年代，山口仙之助就曾赴美闖蕩而存下一筆錢。本來山口仙之助認為畜牧事業對國家有益而買了七頭牛，不料養牛這條路走得不順遂，而萌生上進讀書的念頭，因此他將牛賣掉、去唸慶應大學。因為受到慶應創辦人福澤諭吉（日幣萬圓鈔上人像）談論國際觀光重要性的影響，山口仙之助轉念從事飯店業，於是在明治 11（西元 1878）年買下箱根宮之下的五百年老舖溫泉旅館「藤

屋」，打造成西洋風格並改名為富士屋飯店，開業後生意維持得不錯。沒想到老天要考驗山口仙之助，1883 年富士屋飯店竟然發生火災而全毀，一無所有的山口仙之助只有前往橫濱做雜役工作。

但是山口仙之助始終忘不了再開設飯店的夢想，辛苦工作之餘，這份熱情打動養父，出資讓他重建，才有了如今的箱根宮之下富士屋飯店。山口仙之助對箱根地區的貢獻，遠不只有創建富士屋飯店這件事而已，當年整個箱根地區的交通尚處於全未建設的階段，為了解決這項不便，山口仙之助還完成付費道路的開發，促進箱根地區的發展。山口仙之助最初購置接送客人的專車，後來甚至成立富士屋自動車株式會社，開始巴士的運行事業，促進日本社會發展，種種作為都展現出一位開疆闢土先驅的偉大精神。

優良服務奠基於5S經營理念 ～

富士屋飯店集團旗下共有八家飯店，依成立時間早晚，包含龍頭角色的箱根宮之下富士屋飯店、蘆之湖箱根飯店、河口湖富士 VIEW 飯店、箱根湯本富士屋飯店、大阪富士屋飯店、八重洲富士屋飯店、甲府富士屋飯店、FRUIT PARK 富士屋飯店等，除了兩家城市型商務飯店，其他都座落在風景優美的地點。

❶ **❷❸**

1. 山口仙之助歷經種種苦難的創業故事讓人感動又敬佩。（富士屋飯店提供）
2. 箱根宮之下富士屋飯店蘊含山口仙之助的夢想，讓這座飯店益發有靈魂。（富士屋飯店提供）
3. 河口湖富士 VIEW 飯店（左）、箱根湯本富士屋飯店（右）。（富士屋飯店提供）

❶　❸
❷　❹❺

八家富士屋飯店皆以 5S 為經營理念，包含真誠（Sincerity）、速度（Speed）、笑容（Smile）、安全（Security）與體貼（Sensibility），我親身體驗過融合這些特色的優良服務。

其實最早接觸富士屋飯店，是由於十幾年前全家有次去箱根遊玩，父親安排了蘆之湖箱根飯店，當時對飯店設施、餐飲與服務都覺得很滿意。後來自己出差又曾住宿八重洲富士屋飯店，這家商務型飯店單人房有時候一晚不到一萬日圓（淡旺季有變動）。由於我很喜歡這家飯店裡的維也納咖啡廳，加上附近生活機能俱全，且步行不到十分鐘即可到東京車站，對出差或旅行的人士來說很方便。

1. 八家富士屋飯店皆以 5S 為經營理念。（富士屋飯店提供）
2. 箱根飯店設在美麗的蘆之湖畔。（富士屋飯店提供）
3. FRUIT PARK 富士屋飯店景觀優美。（富士屋飯店提供）
4. 八重洲富士屋飯店附近生活機能俱全，距離東京車站又近。（富士屋飯店提供）
5. 八重洲富士屋飯店房價合理，很適合出差或旅行人士。（富士屋飯店提供）

名列國家登錄有形文化財的建築與美味料理 ～

富士屋飯店集團裡，最名聞遐邇的就是箱根宮之下富士屋飯店，1891 年建造的本館古色古香，1906 年完工的西洋館古典雅緻，這兩座建築物構成箱根宮之下富士屋飯店的主體。之後再陸續建造花御殿與曾作為皇室御用官邸的菊華莊，這四座建築物如今全部列入國家登錄有形文化財，也成為箱根宮之下富士屋飯店吸引客人的一大賣點，飯店會安排專人為住客導覽介紹，參觀者莫不產生朝聖的心情。

① ②　④ ⑤
③　　⑥ ⑦

　　我在採訪箱根宮之下富士屋飯店時,也非常為之傾倒,產生一種參拜故宮博物院的感覺,要不是此次出差行程排得太緊,真想立刻住住看這種等級的國寶。好在公關仍帶我參觀了花御殿的三個房間,西洋風格的室內裝潢與大和風情的建築外觀形成一種絕妙的典雅組合,我覺得這裡非常適合二度蜜月的中年夫婦呢!還有花御殿的四十三個房間皆以花卉名稱取代一般的數字號碼,譬如玫瑰、菊、櫻、梅等,木製的長方形鑰匙把手上繪有不同花朵,這個細節實在別出心裁。

1. 箱根宮之下富士屋飯店的古建築花御殿與菊華莊,均列入國家登錄有形文化財。（富士屋飯店提供）
2. 曾作為皇室御用官邸的菊華莊,是箱根宮之下富士屋飯店吸引客人的一大賣點。（富士屋飯店提供）
3. 在菊華莊內部用餐,心情會變得很寧靜。（富士屋飯店提供）
4. 本館房間的室內裝潢古典高雅。
5. 西洋館套房非常適合二度蜜月的中年夫婦。
6. 花御殿的豪華套房裡還設有寬廣的書房。
7. 花御殿的房間皆以花卉命名,搭配繪有不同花朵的木製的長方形鑰匙把手。

1. 箱根宮之下富士屋飯店佔地廣闊，其中還包括一片森林，景觀一流。（富士屋飯店提供）

2. 箱根宮之下富士屋飯店的日本料理風評佳。（富士屋飯店提供）

3. 箱根宮之下富士屋飯店的法國料理吸引日本各地許多聞風而來的客人。（富士屋飯店提供）

4. 不少日本人選擇在典雅的箱根宮之下富士屋飯店舉辦婚禮。（富士屋飯店提供）

5. 景觀優美的仙石原高爾夫球場，名列全日本歷史第二悠久。（富士屋飯店提供）

箱根宮之下富士屋飯店的團體客人只占一成左右，住宿期間不用擔心會受到打擾。而且由於箱根宮之下富士屋飯店擁有五千坪的廣闊森林，有空時散步可以吸收最純的芬多精，實在是一大享受。

在餐飲方面，以箱根宮之下富士屋飯店來說，包含日本料理、法國料理、鐵板燒等，由於廚師手藝精湛，中午幾乎都是日本各地聞風而來的客人，晚餐才以住宿客人為主。而且由於富士屋飯店集團有六家皆座落於風景優美的地方，加上料理向來評價很好，因此成為日本人舉辦婚禮的熱門選擇，尤其以箱根宮之下富士屋飯店最受歡迎。

附設高爾夫球場、博物館與餐廳 ～

富士屋飯店集團財力雄厚，在箱根宮之下富士屋飯店附近、景觀優美的仙石原還擁有高爾夫球場，名列全日本歷史第二悠久的這座高爾夫球場，是依照自然地形而建造，由於同樣位於箱根地區，住宿客人要去打幾桿小白球也很方便。

附設高爾夫球場不奇怪，富士屋飯店還擁有箱根驛傳（EKIDEN，即馬拉松）博物館，這就令人好奇了！知名的箱根驛傳是包含二十校、共有兩百位學生參加的馬拉松大賽，2005 年誕生的這座博物館世上罕有，展示日本許多馬拉松大賽的重要

場景照片，館內還陳列往年知名選手愛用的物品等，非常具有參觀價值，喜歡馬拉松的朋友千萬不能錯過。

富士屋飯店集團還經營幾家餐廳，像東京霞關的料亭「桂」，具有正統日本料理的評價。還有小田原市的 FUSION DINING F，內部空間裝潢採用紐約風格，是一家洋溢現代感的創意風格餐廳，在此可享受融合法國、日本、中華、義大利料理元素的菜色。喜歡品嘗新餐廳的我，打定主意下次來日本時要去試試。

富士屋飯店集團委託國際興業株式會社負責經營管理,由於這家專業旅館管理顧問公司經營富士屋飯店成績卓越(2011 年營業額為一百八十億日圓),另外還提供業界經營方面的諮詢服務,目前客戶包括箱根千代田莊、箱根二之平涉谷莊、VILLA 本栖、KIYANON 箱根館與三家餐廳,如此優良的口碑讓客人更放心到富士屋飯店度假了。

❶ ❸❹
❷ ❺

1. 箱根驛傳博物館世上罕有。(富士屋飯店提供)
2. 箱根驛傳博物館展示日本馬拉松大賽的場景照片,還陳列知名選手愛用物品。(富士屋飯店提供)
3、4. 富士屋飯店集團還經營餐廳,像東京霞關的日本料亭「桂」(左)與湯本富士屋飯店的「桂」餐廳(右)。(富士屋飯店提供)
5. 小田原市的 FUSION DINING F,料理融合法國、日本、中華、義大利元素。(富士屋飯店提供)

國家圖書館出版品預行編目（CIP）資料

美好生活,Enter / 柯珊珊著 ．　 —— 初版 ．—— 臺北市：
大塊文化，2013.03　　面；公分 ．——（Tone；28）
ISBN 978-986-213-427-6（平裝）

1. 品牌　　2. 日本

496.14　　　　　　　　　　　102003292

LOCUS

LOCUS

LOCUS

LOCUS